SHUIKU JINGSHUI YUYE SHISHI JISHU

水库净水渔业实施技术

王大鹏 ◎ 主编

广西科学技术出版社

图书在版编目（CIP）数据

水库净水渔业实施技术 / 王大鹏主编. —南宁：广西科学技术出版社，2022.6（2023.11 重印）

ISBN 978-7-5551-1816-9

Ⅰ. ①水… Ⅱ. ①王… Ⅲ. ①水库渔业 Ⅳ. ①S974

中国版本图书馆 CIP 数据核字（2022）第 107513 号

水库净水渔业实施技术

王大鹏 主编

责任编辑：黎志海 张 珂　　封面设计：韦宇星

责任印制：韦文印　　责任校对：夏晓雯

出 版 人：卢培钊

出版发行：广西科学技术出版社　　社 址：广西南宁市东葛路 66 号

邮政编码：530023　　网 址：http://www.gxkjs.com

经 销：全国各地新华书店

印 刷：北京虎彩文化传播有限公司

开 本：787mm×1092mm 1/16

印 张：13　　字 数：246 千字

版 次：2022 年 6 月第 1 版　　印 次：2023 年 11 月第 2 次印刷

书 号：ISBN 978-7-5551-1816-9

定 价：68.00 元

《水库净水渔业实施技术》编著者名单

主　编　王大鹏　广西壮族自治区水产科学研究院

副主编　何安尤　广西壮族自治区水产科学研究院

周　磊　华南农业大学

林　勇　广西壮族自治区水产科学研究院

编　委　韩耀全　广西壮族自治区水产科学研究院

李育森　广西壮族自治区水产科学研究院

黄仙德　华南农业大学

施　军　广西壮族自治区水产科学研究院

许家发　广西洪旭农业科技有限公司

唐汇娟　华南农业大学

雷建军　广西壮族自治区水产科学研究院

刘　丽　华南农业大学

吴伟军　广西壮族自治区水产科学研究院

匡天旭　华南农业大学

赵忠添　广西壮族自治区水产科学研究院

黄世慧　华南农业大学

严传华　广西洪旭农业科技有限公司

陈文坚　华南农业大学

邵礼仪　华南农业大学

内容简介

本书是广西首部关于运用净水渔业理念实施大型水库生态修复的专著。净水渔业有别于传统的大水面网箱、围栏养殖，是根据水生态环境条件，人工增殖适当的滤食性鱼类并进行科学管控，从而达到减缓库区富营养化，防止蓝藻暴发以及充分利用水体渔产力的目的。

水库净水渔业研究针对广西部分水库氮、磷含量居高不下和蓝藻过多的情况，在洪潮江水库开展了长达9年的净水渔业研究与示范，使水库富营养化程度不断降低，库区水体整体维持在中营养水平，主库区水体已恢复到Ⅱ类水质标准。在完全不投饲料和施肥的前提下，库区经营企业年产优质鲢鱼、鳙鱼120 t以上，实现了水库增值和修复改良水体的双赢，达到了预期的效果和目的。

本书全面介绍净水渔业技术的实施路线和方法、净水渔业实施前的本底调查、净水渔业方案设计、净水渔业实施效果及评估、微生物在净水渔业系统中的功能探索和净水渔业辅助措施等，对净水渔业技术在洪潮江水库的实施过程进行纪实性阐述。本书内容丰富，理论与实践相结合，可供水环境保护、大水面渔业、资源调查等相关领域的研究人员、大专院校师生和管理人员参考，也可为其他大中型水库的生态修复实践提供借鉴。

前言

广西河流、水库众多，水域面积广阔，全区现有各类水库 4556 座，其中大型水库 61 座、中型水库 231 座，水库总库容 18.3 亿立方米，水面面积达 370 多万亩（1 亩≈667 m^2）。这些水库多为河流梯级开发后形成，从湍急的河流变为静止水面后，生态环境和水动力条件都发生了很大变化。蓄水后流速减缓，供浮游植物发育的滞蓄时间延长，为静水浮游生物提供了繁殖条件，因此往往会在春夏之交、气候条件最适宜浮游生物繁育时，发生水华（藻类暴发）。此外，由于水流变缓，水体处于相对静止的状态，水面和空气层的接触面相对固定，复氧速度慢，加上水深形成的温度分层，溶解氧很难扩散到水的下层，一般在 5 m 以下水体相对水温较低、贫氧、营养物质丰富，有时还会有高浓度的铁、锰和硫化物的底层水。当气温骤降时，表层水下沉，底层水上升，极易造成鱼类缺氧死亡。

水库的使用功能包括饮用水源、发电、灌溉、养殖、防洪等，大型水库大多具有上述综合功能。由于库区开发缺乏规划，往往导致点源污染和面源污染负荷速速增加，营养物质不断累积，使得富营养化问题日益突出。对于多数水库，特别是饮用水源水库，富营养化产生的丰富藻类不利于自来水厂处理，而水华发生期间，一些能够分泌毒素的藻类更会引起鱼类大量死亡，造成水质急速恶化。近 20 年来，广西一些地方考虑到发展经济和解决库区失地群众的生产生活问题，积极引导、鼓励库区群众利用水库发展水产养殖业，并通过招商引资进行规模化养殖开发。库区大水面渔业经历了天然捕捞—资源增养殖—规模型网围网箱养殖的历史轨迹。在这一发展历程中，渔业产量得到了大幅度的提高，为提升淡水鱼产业和解决库区移民问题做出了巨大贡献。很多水库也因此成为当地重要的淡水鱼生产基地。然而，近年随着环保压力的不断增强，传统的网箱、网围养殖模式作为水域污染源之一，已经与库区周边的工业污染源、城镇排污口等点源污染一起被列为取缔的对象。但是，许多库区在周边点源污染得到充分治理的情况下，仍然无法解决水体富营养化的问题。究其原因，是流域非点源污染，上游来水携带的营养盐及库区水体前期累积的营养盐，无法在库区生态系统中转化为生产力，导致累积性富营养化。

我国许多地区都曾重视并大力推动利用湖库资源发展大水面渔业，也大都经历了前期不重视保护、不合理开发导致水生态环境严重破坏后痛下决心进行整治的过程。最典型的例子是浙江省淳安县千岛湖水库，从 2009 年开始全面清除库区网箱养殖，实施封山育林和封库禁渔，同时积极探索渔业发展新模式，在“以鱼治水、以鱼保水”的理念指导下科学实施净水鱼类（主要是鲢鱼、鳙鱼）的放流增殖。通过这些措施，近年来千岛湖水体生态环境得到明显的修复，水质从Ⅳ类水不断改善。目前，在上游来水水质为Ⅲ类水的情况下，库区水体水质常年保持在Ⅰ类，千岛湖有机鱼也成为全国著名品牌，产量供不应求。这种利用科学增殖净水鱼类保护和净化水体的模式被称为净水渔业，净水渔业取得了显著的生态效益、经济效益和社会效益，成功实现了大水面渔业转型发展。此后，开展净水渔业较为成功的案例还有浙江省遂昌县乌溪江水库、江苏省无锡市蠡湖、山东省蒙阴县云蒙湖和潍坊市峡山水库等。净水渔业已逐渐发展为集增殖放流、管护、捕捞、销售、加工、物流、餐饮、旅游、文创为一体的完整产业链，实现了从单一传统渔业到第一、第二、第三产业融合发展的转型升级。成为以政府为主导完善相关法规和管理制度，多部门协调联动监管执法；企业拥有水面经营权，从事渔业生产和旅游开发等业务；科研机构负责生态系统评估和环境承载力评价，及时调整技术参数的系统工程。

广义的净水渔业包括库区经济社会调控、水土资源调控、污染源防治、生态修复与保护、监管能力建设等内容。本书介绍的净水渔业技术，重点为其中的生态修复部分，是以保护水环境为目的，选择适当的鱼类进行人工放养的一种渔业生产方式。即以现代生态学理论为基础，根据水体特定的环境条件，通过人工放养适宜的鱼类，以改善该水域的鱼类群落组成，保障生态平衡，从而达到既保护水环境，又能充分利用水体渔产力的一种渔业生产方式。通俗地说，就是以鱼治水和以鱼养水。与传统的增殖放流相比，其区别在于增殖放流是以获取最大可持续产量为主要目标所进行的鱼类放流，虽然每年也投放大量鲢、鳙鱼种和实施禁捕，但当年回捕的鲢鱼、鳙鱼个体小，不能充分发挥其净水、控藻作用，且禁渔期过后的无序捕捞反而造成了生态系统缺鱼，导致氮、磷积累过多而加重富营养化。

根据农业农村部《关于加快推进渔业转方式调结构的指导意见》（农渔发〔2016〕1号)、《广西现代生态养殖“十三五”规划》等文件精神，充分利用广西水库众多、水域面积广阔的独特优势发展大水面净水渔业，挖掘库区大水面生产潜力和生产效益，对于广西水库水污染防治、发展生态经济、脱贫攻坚以及维护库区社会和谐稳定，助力实现“山清水秀生态美”的生态环境保护目标，具有重要意义和促进作用。2019年农业农村部等十部委在《关于加快推进水产养殖业绿色发展的若干意见》（农渔发〔2019〕1号）中提出“发挥水产养殖生态修复功能，鼓励在湖泊水库发展不投饵滤食性、草食性鱼类等增养殖，实现以渔控草、以渔抑藻、以渔净水”。2020年广西壮族自治区农业农村厅等四厅局在《关于推进广西大水面生态渔业发展的实施意见》中提出“到2025年，在全区建成30个大水面生态渔业示范基地”。净水渔业的实施符合净水环保的基本国策，能改善当地生态环境，达到对水资源的可持续利用，有利于促进社会稳定和经济可持续发展。

本书是广西创新驱动发展专项资金项目课题“水库净水渔业关键技术及模式创新示范（桂科AA17204095-8）”的成果。

由于时间仓促，作者水平有限，疏漏和不足之处在所难免，敬请读者批评指正。

编著者

目　录

第一章　净水渔业实施前的本底调查

水库环境本底调查包括对库区水体外部与内部环境的各种自然因素与社会因素及变化进行调查，通过对水、底泥、生物等相关因子进行监测，掌握水库基本情况，辨别水质富营养化的主要因素。水库环境本底调查既为制定净水渔业实施方案提供必要的基础数据，也为评估净水渔业实施效果提供本底资料。

一、水库形态与外部环境调查

（一）水库形态及工程概况

重点调查水库基本情况、周边产业变迁、渔业生产方式演变、库区水质类别变动、发生水华情况等。涉及流域的地理位置、所涉及县（市）及乡镇面积、人口结构及变化情况，流域的土地利用状况、水资源概况、水库的主要服务功能、水库环境功能区划及水质保护目标等。应注意收集水库地形图、流域平面图、数字高程图、水系图、地表水环境功能区划图、植被分布图、土地利用类型图等图册资料。水库形态特征指标见表 1－1。

（1）水库面积指正常水位时的水面积，可通过查阅相关文献、咨询库区管理部门或地理信息技术（GIS）计算。

（2）水域面积指除去小岛的水面面积，可通过查阅相关文献或 GIS 计算。

（3）流域面积指流域周围分水线与河口（或坝、闸址）断面之间所包围的面积，可通过查阅相关文献或 GIS 计算。

（4）补给系数指流域面积与库区水域面积之比。

（5）岸线总长度即水库边界的周长，可通过查阅相关文献或 GIS 计算。

（6）平均水深指库区水深的多年平均值，可通过查阅相关文献或咨询库区管理部门。

（7）最大水深指历史水深最大值，可通过查阅相关文献或咨询库区管理部门。

（8）换水周期指库区水交换更新一次所需要的时间，可通过多年平均水位的水库容积除以多年平均出库流量而得，一般不考虑水面蒸发量。

（9）容积指水库所能容纳水的体积，分为兴利库容、最大库容、死库容等，可通过查阅相关文献或咨询库区管理部门。

（10）蓄水量指特定水位情况下的水量，可通过查阅相关文献或咨询库区管理部门。

（11）主要服务功能包括饮用水服务功能、栖息地功能、拦截净化功能、人文景观功能和水产品供给功能。

表 1-1　水库形态特征指标

水库名称	水库面积（km^2）	水域面积（km^2）	流域面积（km^2）	补给系数	岸线总长（km）	平均水深（m）	最大水深（m）	换水周期（d）	容积（亿 m^3）	蓄水量（亿 m^3）	主要服务功能

库区周边土地利用调查内容见表 1-2，主要用于库区面源污染负荷估算。

（1）水田指用于种植水稻、莲藕等水生农作物的耕地。包括实行水生、旱生农作物轮种的耕地。

（2）水浇地指有水源保证和灌溉设施，在一般年景能正常灌溉，种植旱生农作物的耕地。包括种植蔬菜等非工厂化的大棚用地。

（3）旱地指无灌溉设施，主要靠天然降水种植旱生农作物的耕地。包括没有灌溉设施，仅靠引洪淤灌的耕地。

（4）园地指种植以采集果、叶、根茎等为主的集约经营的多年生木本和草本作物（含其苗圃），覆盖度大于 50%或每亩有收益的株数达到合理株数 70%的土地。包括果园、茶园、其他园地。

（5）林地指生长乔木、竹类、灌木、沿海红树林的土地。包括有林地、灌木林地、其他林地。不包括居民点内绿化用地以及铁路、公路、河流、沟渠的护路、护岸林。

（6）草地指以生长草本植物为主，用于畜牧业的土地。包括天然牧草地、人工牧草地、其他草地。

（7）建筑用地包括用于商业、服务业、仓储、住宅、公共管理用地，交通、运输、水利设施、水工建筑用地等。

（8）其他土地包括空闲地、设施农用地、田坎、盐碱地、沙地、裸地等。

表 1-2　库区周边土地利用调查表

单位：km^2

县	镇（乡）	水田	水浇地	旱地	园地	林地	草地	建筑用地	其他用地

（二）流域污染源调查

1. 点源污染调查

点源污染调查包括城镇工业废水、城镇生活污水排放源及规模化养殖等。随着各级政府对环保的重视力度不断加大，以及污水处理工程覆盖面的扩大，点源污染多数已得到有效控制，其处理方式已相对完善。经处理后的外排水，其氮、磷浓度和流量均为一个相对稳定的数值。

2. 面源污染调查

面源污染也称非点源污染，目前对面源污染的定义有很多，总体上有广义和狭义之分。广义是指各种没有固定排污口的环境污染；狭义是指地面污染物，由于降水地表径流、地下渗透、土壤侵蚀等作用，随着地表径流或地下渗透进入水体造成的水体污染。众多研究表明，面源污染已经成为我国水体污染的一大主要原因，因此受到越来越多的关注。例如，太湖总氮（TN）的 75%、总磷（TP）的 66%来源于农业面源污染，巢湖总氮的 65.9%、总磷的 51.7%来源于农业面源污染，滇池总氮的 53.0%、总磷的 42.0%来源于农业面源污染，洱海总氮的 97.1%、总磷的 92.5%来源于农业面源污染，密云水库总氮的 75.0%、总磷的 94.0%来源于农业面源污染。

影响面源污染的因子很多，除了气候、植被覆盖情况、地理环境、降水次数、降水强度等自然环境因素，还包括土地利用情况、土地耕作条件、化肥施用情况、周边居民的生活习惯等人为因素，不同因子之间又相互影响。因此，面源污染产生的量、污染物浓度和种类等的时空分布往往有较大的变化，不可能仅仅通过对某个点或某个时段的监测而获得整个面域的污染物浓度情况。若广设监测点，进行不间断面源污染监测，成本极其高昂。传统的中小流域的面源污染研究较多依赖地方统计数据，往往不便获取且缺乏流域范围、人口数量、径流量、土地利用类型等基础资料；而且获得资料的时效性和可信度也较低。目前常用的方法是利用最新的卫星遥感资料提取面源污染研究所需的基础数据，辅以必要的现场调查进行验证。GIS 以其具有分析速度快，方便实现自动化、可视化等优点，在实践中得到广泛应用。GIS 法评估过程见图 1－1。

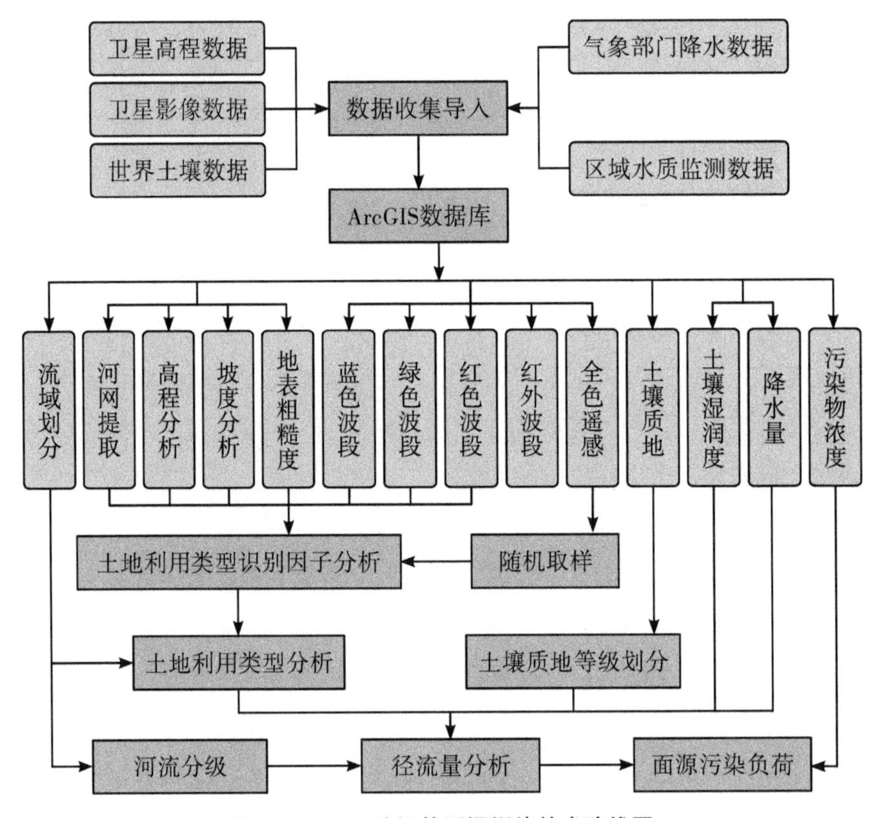

图 1－1　GIS 法评估面源污染技术路线图

首先利用卫星数字高程数据、卫星遥感影像数据、土壤类型数据、降水数据、水质数据等，建立水库流域 GIS 基础数据库；根据卫星数字高程数据、卫星遥感影像数据，确定集雨面积；采用现场调查分析的方法，确定土地利用类型识别因子，包括河网、高程、坡度、地表粗糙度、蓝色波段遥感影像、绿色波段遥感影像、红色波段遥感影像、红外波段遥感影像等；根据各土地利用类型的特征，划定土地利用类型，一般可分为水体、裸建地、水田、旱地、林地、灌丛等。应用 ArcGIS 软件和适宜的径流曲线模型，计算出流域的径流深和径流量数据；结合水质数据，根据径流量计算水库面源污染负荷，一般评价氨氮（NH_4^+-N）、总氮、总磷、化学需氧量（COD）等指标。现场调查时，重点开展农村生活垃圾和生活污水状况调查、种植业污染状况调查、畜禽散养调查、水土流失污染调查、湖面干湿沉降污染负荷调查及旅游污染、城镇径流等其他面源污染负荷调查等情况。有条件的，可以结合典型调查、前期工作积累、各类研究经验，确定适宜的参数。

3. 内源污染调查

水库内源污染实质上是水库内的污染物在受到多因素综合影响下快速蓄积的结果，并在一定的条件下释放出来，影响水库水质。目前已有的相关研究主要集中在 pH 值、温度、溶解氧（DO）等水体微环境因素与内源污染物吸附或释放的响应机制上，通过现场监测或短期的室内模拟，分析内源污染物的时空分布、界面运动、水体扰动、沉积形态、吸附释放等特性，其治理方法有底泥疏浚、原位覆盖、扬水曝气等末端局部治理措施。对于净水渔业而言，主要是明确水库内源污染的主要来源，如航运、水产养殖、底泥释放、生物残体（蓝藻及水生动植物残体等）等，分析内源污染负荷情况。尤其是深水型水库，应重点调查水体分层情况和底层水状态。

内源污染在低溶解氧、pH 值大于 10 或小于 4、水体扰动等条件下，很容易将蓄积的污染物重新释放至水体，降低水库水质甚至暴发污染事件，导致投放的鱼类浮头甚至死亡。尤其要注意的是，内源污染物能够释放营养盐、重金属、难降解持久性有机污染物等多种不同的污染物质，持久地在富营养化、毒理性、富集性多个方面影响水库水质。对于主打鱼类品质的净水渔业而言，重金属内源污染严重的水库对有机鱼品牌的打造非常不利，生产经营者尤其要慎重考虑。

内源污染是污染物入库和出库的差值蓄积而成，需要根据不同水库的特点和历史情况，选择代表性指标进行监测，分析内源污染形成原因和分布状态。考虑污染物的不同来源（如点源排放、非点源输入、库内沉积、大气沉降等），应加强对入库河道、库区分层水体、雨水的监测。对于出库水体除常规的取水口水质监测外，还应加强汛期溢流及底孔放水的水质监测。同时，还应对水库的内源污染分布进行调查，包括监测内源污染物在水体、悬浮物、沉积物中的含量与分布，及时识别出水质的污染风险。通过长期积累的监测资料，可准确掌握内源污染物的蓄积过程和分布状态，为水库的分段开发提供数据支撑。

（三）流域人类活动影响调查

流域人类的社会经济活动是影响库区生态环境状况的关键所在。流域经济、社会的快速发展增加了流域污染物排放，对库区生态环境的变化具有直接驱动力和压力。流域人类活动影响调查内容包括 2 个方面：一是社会发展和经济调查，包括流域人口结构及变化情况和经济增长情况，人口结构及变化情况代表指标有自然增长率、流域人口总数、常住人口、流动人口、城镇人口、非农业人口数量等；二是经济增长情况调查，代表指标包括流域内国内生产总值（GDP）、GDP 增长率、人均年收入、产业结构等。流域人类活动调查结果主要用于污染负荷的变动趋势预测。

（四）气候气象和水文条件

气候气象数据可从气象管理部门获得或查阅地方志等文献资料，应掌握库区的年、季气候特征，库区小气候特点，年均气温，年极端气温，15℃以上年积温，月均气温，年均降水量，各月均降水量，年、月均风速，水交换量，年均日照时数，主要灾害天气等。气象条件对水生生物的摄食、生长发育及行为都有重要影响，是制定生产规划、判断生长速度的重要依据。

长期水文数据通常从水库工程管理单位获得，重要的数据有入库水量（有多个来水渠道的，应分别确定来水量），出库水量，年交换次数，年水位变化，年均水深，枯水期、平水期、丰水期变化，水体泥沙含量等。水文数据，尤其是水交换量数据和水深变化，是估算库区氮、磷通量的重要参数。

二、水体理化特性监测

（一）采样点设置及指标选取

调查前应对水库地形图、平面位置图和水位、库容、面积、流量关系表等基础图表以及前人在该水库及其相关水体的调查研究成果等资料进行收集和分析研究。科学制定采样点和采样频率。

采样点应尽量覆盖整个库区。一般可在水库的上游、中游、下游的中心区，出、入水口区及库湾中心区，代表性库汊，已知污染源附近等水域布设采样点，采样频率至少每季度 1 次，有条件的应每月 1 次，对于丰水期、平水期、枯水期变化特别明显的水库，也可根据水期变化确定采样时间。在保证达到必要的精度和满足生物统计学样品数的前提下，兼顾技术指标和经费决定采样点的数量，在采样点所采集的样品应对整个调查水体或多项指标有较好的代表性。各调查项目采样点的布设位置应基本一致，以便于调查结果的分析比较和配套。所有采样点应将编号标在水库地形图或平面位置图上，并按编号顺序进行采样。

采样点数量设置可参考《水库渔业资源调查规范》（SL167—2014），按照水域面积设置调查采样点。调查采样点的数量确定参照表 1 - 3。

表 1 - 3　不同水面面积相应采样点数量

水面面积（km^2）	<5	5～10	10～50	50～100	>100
采样点数量	2～4	3～5	4～6	5～7	≥6

采样方式根据水深和实际需要确定，即水深小于 3 m 时可只在表层（0.5 m）采样；水深为 3～6 m 时，至少应在表层和底层采样；水深为 6～10 m 时，应在表层、中层和底层采样；水深大于 10 m 时，在表层、5 m 水深和 10 m 水深处采样。如不分析水质垂直分布时，可采集混合样品。采样宜在上午 8～10 时进行，水库面积较大，采样时间长，应尽可能计划好各采样点的采样时间，使每次采样时间基本一致，并记录各次的实际采样时间。采样时间内水的理化性质和水生生物调查的采样应同步进行，并填写采样记录表。

着重测定溶解氧、总氮、总磷、高锰酸盐指数（COD_{Mn}）、氨氮、透明度（SD）、固体悬浮物、叶绿素 a（Chla）等富营养化相关指标以及与水库鱼类产品质量密切相关的铅、汞、镉等重金属指标，同时根据流域自然环境和人类活动特点增补相应指标，如矿化度、浊度、药物残留等。

（二）物理特性

现场测量水体的水温、透明度、pH 值，水温测量时注意测量不同水深的水体温度，判断水体分层情况和温跃层所在深度。

（三）化学特性

主要有溶解氧，高锰酸盐指数，钙、镁离子含量等，其中溶解氧一般为现场测量，同样应注意测量不同水深的溶解氧。根据溶解氧随水温的变化情况，判断水体的分层情况。

（四）营养元素

重点测量氮、磷营养盐指标，包括总氮、氨氮、硝酸盐氮、亚硝酸盐氮、总磷，可根据情况选择测量碳酸盐。

（五）叶绿素 a 与初级生产力

叶绿素 a 一般使用分光光度计法测定，初级生产力可根据叶绿素 a 进行换算，但宜使用黑白瓶法，在水表面和透明度的 0.5、1、2、3、4 倍处分层采样，4 倍透明度以下处一般不采样。最下面一层不宜超过距库底 0.5 m 的深度，在原采样水层挂瓶 24 小时进行测定（表 1-4）。

表 1-4　水体理化指标测量方法

指标	单位	测定方法	依据
水温	℃	温度计法	GB/T 13195—1991
pH 值	无量纲	玻璃电极法	GB/T 6920—1986
透明度	cm	塞氏盘现场测定	—
溶解氧	mg/L	溶氧仪现场测量	HJ 506—2009
高锰酸盐指数	mg/L	酸性法或碱性法	—
钙镁总量	mg/L	EDTA 滴定法	GB/T 7477—1987
钙离子含量	mg/L	EDTA 滴定法	GB/T 7476—1987
总氮	mg/L	碱性过硫酸钾氧化—紫外分光光度法	GB/T 11894—1989
氨氮	mg/L	纳什试剂比色法光度法	GB/T 7479—1987
硝酸盐氮	mg/L	酚二磺酸分光光度法	GB/T 7480—1987
亚硝酸盐氮	mg/L	分光光度法	GB/T 7493—1987
总磷	mg/L	过硫酸钾消解法或钼酸铵—分光光度法	GB/T 11893—1989
叶绿素 a	μg/L	丙酮提取-分光光度计测定	SL 88—2012
碳酸盐	mmol/L	酸滴定法	SL 83—1994

注：测定氮、磷项目的水样在每升水样中加入氯仿 2～4 mL 进行固定，测定高锰酸盐指数的水样在每升水样中缓慢加入 1 mL 浓硫酸溶液进行固定，固定后的水样应尽快置于低温下避光保存并带回实验室后立即进行测定。

三、沉积物监测

在水体外源输入逐步得到控制的情况下，沉积物释放的氮、磷是水质保持富营养化的重要原因。在一定的条件下，沉积物作为内源通过上覆水进行氮、磷营养盐的交换，影响上覆水体中氮、磷营养盐的浓度，从而影响水库营养状况。沉积物中能参与界面交换及生物可利用氮、磷的量取决于沉积物中氮、磷的赋存形态，不同的氮、磷赋存形态及其含量对水体富营养化的影响不同。在富氧条件下，沉积物中的有机氮化物经矿化作用，生成铵态氮、硝酸盐氮等无机离子经扩散进入水体，提高上覆水水体氮浓度和营养水平；而磷的转化主要就是磷酸盐在固液界面间的交换。

沉积物采集方式一般用柱状采泥器采集表层 10 cm 的沉积物样品，去除底栖动物和沙石后，装入自封袋密封保存，带回实验室冷冻干燥后进行研磨，200 目过筛密闭保存待用。

沉积物粒级样品的总氮和总磷含量测定采用过硫酸钾消解法，有机质测定采用烧失量（LOI）指示，采用 550℃烧失量法测定。

四、生物资源监测

生物资源采样频率为每季度 1 次。水体中浮游生物为非均匀分布，通常因水体形态、深度、水源进出口、风、光照，以及其他环境条件而有所差异，因此必须选择有代表性的地点进行采样。一般情况下，在水库的湖湾和中心部分，沿岸有水草区和无水草区，其中所含浮游生物的种类和数量都有所不同。当有风引起水流时，浮游生物多聚集在水流冲击的下风向一侧，总量较高。此外，水源入口处，在不同时间各水层的光照和温度条件下，浮游生物的种类和数量都会有所不同。

采样点的数目根据水体的具体条件而定。水体面积大的，条件复杂的，采样点要选取多些；如有较高人力、时间和经费等条件允许的，采样点也可以选取多些。

（一）浮游植物监测

浮游植物的监测指标包括种类组成、密度、生物量、优势种、多样性指数、蓝藻变动情况等。

1. 采样方式

定量样品应在定性采样之前，用采水器采集，每个采样点采水样 1000 mL，分层采样时可将各层所采水样等量混匀后取 1000 mL。定性样品应用 25 号浮游生物网在表层缓慢拖曳进行采集。可站在船舱内或甲板上，将采集网系在竹竿或木棍前端，放入水中作“∞”形循环拖动（网口上端不要露出水面），拖动速度不要超过 0.3 m/s。样品应立即用鲁哥氏碘液固定，用量为水样体积的 1%～1.5%；如样品需较长时间保存，则应再加入 40%甲醛溶液，用量为水样体积的 4%。将水样带回室内，应用沉淀器浓缩，定容到 30 mL 或 50 mL。浓缩方法为摇匀水样，倒入固定在架子上的 1000 mL 沉淀器中；经 2 小时后，将沉淀器轻轻旋转一会，使沉淀器壁上尽量少附着浮游植物，再静置 24 小时；充分沉淀后，用虹吸管慢慢吸去上清液，虹吸时管口应始终低于水面，流速、流量不可大，吸至澄清液的 1/3 时应逐渐减缓流速，至留下含沉淀物的水样 20～25 mL（或 30～40 mL），放入 30 mL 或 50 mL 的定量样品瓶中；用吸出的少量上清液冲洗沉淀器 2～3 次，一并放入样品瓶中，定容到 30 mL 或 50 mL；如样品的水量超过定容刻度，可静置 24 小时，或到计数前再吸去超过定容刻度的余水量。沉淀和虹吸过程必须避免摇动，不应吸出浮游植物，如果搅动了底部应重新沉淀。

2. 定性与定量检测

优势种类应鉴定到种，其他种类应至少鉴定到属。种类鉴定除应用定性样品进行观察外，还可吸取定量样品对微型浮游生物进行观察。如用定量样品先做定性观察，则应在镜检后将样品洗回样品瓶中，且防止样品的混杂污染。定量计数方法：将浓缩水样充分摇匀后，吸出 0.1 mL，置于 0.1 mL 计数框内，在 400 倍显微镜下观察计数，每瓶标本计数 2 片取其平均值，每片计数 100～400 个视野；同一样品的计数结果和平均数之差的绝对值不大于其平均数的±15%，即为有效结果。

1 L 水样中浮游植物个数（细胞数）N 可按下式计算：

$$N=\frac{A}{an}\times\frac{\mu}{V}\times p$$

式中，N 为 1 L 水样中浮游植物个数（细胞数）（ind./L）；A 为计算框面积（mm^2）；a 为每个视野面积（mm^2）；n 为每片镜视的视野数；μ 为 1 L 水样沉淀浓缩后的体积（mL）；V 为计算框的容积；P 为每片镜视计算出的各类浮游植物个数（细胞数）。

如果用同一显微镜和同样计算框，n、μ、V 不变，那么式中 $\left(\frac{A}{an}\times\frac{\mu}{V}\right)$ 可用一个常数 k 来代替，上式简化成 $N=\mathrm{k}p$。

浮游生物通常个体微小，除特殊情况外很难或者不可能直接称重，一般只能按体积来换算重量。大多数藻类的细胞形状比较规则，可用形状近似的几何体的体积来计算其细胞体积。浮游生物悬浮水中生活，其比重应接近于 1，因此体积可按此换算为重量值，即 1 mL 体积藻类重量约为 1 g，$10^9\ \mu m^3$ 藻类体积换算为 1 mg 藻类湿重。

计算藻类体积常用公式如下：

球体 $V=\frac{4}{3}\pi r^3$

圆盘体或圆柱体 $V=\pi r^2 h$

圆锥体 $V=\frac{1}{3}\pi r^2 h$

椭圆体 $V=\frac{4}{3}\pi r_1^2 r_2$

圆台体 $V=\frac{1}{3}\pi h(r_1^2+r_2^2+r_1 r_2)$

硅藻细胞体积通常为壳面面积乘带面平均高度，因此下列球面积的计算公式常被用以计算壳面面积：

圆形 $A=\pi r^2$

三角形 $A=\frac{1}{2}bh$

椭圆形 $A=\pi r_1 r_2$

菱形 $A=\frac{1}{2}d_1 d_2$

梯形 $A=\frac{1}{2}(a_1+a_2)h$

式中，A 为壳面面积；r 为半径；h 为高；b 为长或宽；d_1、d_2 为对角线长；a_1、a_2 为上底长和下底长。

纤维形、S 形、新月形、多角形和其他不规则的形体都可分割为几个部分，用相似形公式计算。

在条件允许时，优势种和次优势种尽量要实测。

（二）浮游动物监测

浮游动物监测的主要指标包括种类组成、密度、生物量。

1. 采样方式

枝角类和桡足类定量样品应在定性采样之前用采水器采集，每个采样点采水样 10～50 L，再用 25 号浮游生物网过滤浓缩；定性样品应用 13 号浮游生物网在表层缓慢拖曳采集。原生动物、轮虫类和无节幼体定量可用浮游植物定量样品；定性样品应用 25 号浮游生物网在表层缓慢拖曳采集。

枝角类和桡足类定量定性样品，应立即用 40%甲醛溶液进行固定，用量为水样体积的 4%。原生动物和轮虫类定性样品除留 1 瓶供活体观察不固定外，应立即用波恩氏液进行固定，用量为水样体积的 50%以上，或用鲁哥氏碘液进行固定，用量为水样体积的 1%～1.5%。如样品需保存较长时间则应再加入 40%甲醛溶液，用量为水样体积的 4%。

2. 定性与定量检测

浮游动物的计数分为原生动物、轮虫类和枝角类与桡足类。原生动物和轮虫类利用浮游植物定量样品进行计数，原生动物计数是从浓缩的 30 mL 样品中取 0.1 mL，置于 0.1 mL 的计数框中，全片计数，每个样品计数 2 片；轮虫类则是从浓缩的 30 mL 样品中取 1 mL，置于 1 mL 的计数框中，全片计数，每个样品计数 2 片。同一样品的计数结果与平均值之差的绝对值不得高于 15%，否则增加计数次数。枝角类和桡足类的计数是用 1 mL 计数框，将 20 L 过滤出的浮游动物定量样品分成若干次全部计数。

单位水体浮游动物数量的计算公式如下：

$$N=\frac{nV_1}{CV}$$

式中，N 为 1 L 水样中浮游动物的数量（ind/L）；V_1 为样品浓缩后的体积（L）；V 为采样体积（L）；C 为计数样品体积（mL）；n 为计数所获得的个数（ind.）。

显微镜下检测各类浮游动物的种类、数量、大小，并计算其密度，浮游动物现存量根据各类浮游动物现存量之和得出。

原生动物和轮虫类个体都很小，难以直接称重，一般和浮游植物一样只能按体积法换算。在淡水浮游动物中，原生动物数量虽多但由于体形小，生物量通常不大，且其种类多，在固定状态下难以鉴定（易变形），因此一般不用分别计算种或属的生物量，仅计算其总数量和总生物量。1个无节幼体可按湿重0.003 mg计算。

轮虫类生物量可按Ruttner-Kolisko（1997）的简化公式计算：

$$W = ql^3 \text{ 或 } W = qlb^2$$

式中，W为体重（μg）；l为体长（μm）；q为系数；b为体宽（μm）。

枝角类和桡足类的优势种应按实际称重或实测大小根据公式计算。我国常见淡水枝角类的平均重量，可按照黄祥飞提出的体长与湿重的指数方程和回归方程计算，淡水桡足类可按陈雪梅提出的下列公式计算：

体长—湿重关系计算公式：

$$\log W = 2.9505\log l + 1.4555$$

式中，W为湿重（μg）；l为体长（mm）。

也可按黄祥飞（1982）提出的指数计算公式计算：

$$W = 0.029 l^{2.9506}$$

式中，W为湿重（μg）；l为体长（mm）。

对于非主要种类，可按习见浮游甲壳类体长（mm）—体重（mg）换算表计算和估计。

（三）底栖动物监测

底栖动物的主要监测指标包括种类组成、密度、生物量。

1. 采样方式

大型水库的底栖动物采样断面一般为3～5个，中小型水库的底栖动物采样断面一般为3个，采样断面上采样点的间距一般为100～500 m。除采样断面上的采样点外，还应根据实际情况分别在水库的入水口区、出水口区、中心区、最深水区沿岸带、库湾、污染区及相对清洁区等水域设置采样点。

定性采样一般用框长为35 cm的三角拖网随机取样；对沙砾、卵石或礁石的底质则下水探摸，用40目分样筛接漏方法取样。将所采集的底栖动物标本拣入标本瓶中，用10%的福尔马林溶液浸泡固定保存后带回实验室待检，在实验室内用解剖镜和显微镜对底栖动物定性标本进行分类鉴定。定量采样一般用面积为

1/16 m^2 的改良彼德生氏采集器进行采样；对沙砾、卵石或礁石的底质则下水用分样筛划方取样的方法进行采样。对所采集的底泥样品用40目分样筛进行筛洗，泥样可逐次地倒入白色解剖盘内，加适量清水，用细吸管、尖嘴镊、解剖针等进行分拣。采用与定性相同的方法对标本进行固定和保存并带回实验室待检，在实验室内进行分类、计数及称重，多次采样的按多份样品的平均值进行计算。

不同类型的底栖动物适宜的固定方法不同，软体动物可用5%甲醛溶液或75%乙醇溶液固定，宜用75%乙醇溶液保存。水生昆虫可用5%乙醇溶液固定，数小时后移入75%乙醇溶液中保存。水栖寡毛类应先放入培养皿中，加少量清水，并缓缓滴加数滴75%乙醇溶液将虫体麻醉，待其完全舒展伸直后再用5%甲醛溶液固定，用75%乙醇溶液保存。上述固定液和保存液的体积应为所固定动物体积的10倍以上，否则应在2～3天后更换1次。

2. 定性与定量检测

软体动物必须鉴定到种，水生昆虫除摇蚊科幼虫应至少鉴定到科，水栖寡毛类和摇蚊科幼虫应至少鉴定到属。鉴定水栖寡毛类和摇蚊科幼虫时，制片应在解剖镜或显微镜下进行。

每个采样点所采得的底栖动物应按不同种类准确地称重，软体动物可用普通药物天平称重，水生昆虫和水栖寡毛类应用扭力天平称重。待称重的样品必须符合以下要求：已固定10天以上，没有附着的淤泥杂质，标本表面的水分已用吸水纸吸干，软体动物外套腔内的水分已从外面吸干，软体动物的贝壳没有被弃掉。

（四）大型水生植物监测

大型水生植物监测指标包括种类、密度和生物量。

1. 采样方式

测量或估计各类大型水生植物带区的面积，选择密集区、一般区和稀疏区布设采样断面和点。采样断面应平行排列，亦可为之字形。采样断面的间距为50～100 m，采样断面上采样点的间距为100～200 m，没有大型水生植物分布的区域可不设采样点。

挺水植物一般用1 m^2 采样方框采集。采集时，应将方框内的全部植物从基部割取。沉水植物、浮叶植物和漂浮植物一般用水草定量夹进行采集。当沉水植物和浮叶植物密度过大，水草定量夹已盛不下水草时可用 0.25 m^2 采样方框数株采集。每个采样点应采集 2 个平行样品，采集的样品应除去污泥等杂质再装入样品袋内。定性样品应尽量在开花或果实发育的生长高峰季节采集，采集的样品应完整，包括根、茎、叶、花、果。挺水植物可直接用手采集，浮叶植物和沉水植物可用水草采集耙采集，漂浮植物可徒手或用带柄手抄网采集。

2. 定性与定量检测

所有种类都应鉴定到种，一般应按种类称重，鲜重称重前应除去根、枯死的枝叶及其他杂质，并抹去体表多余的水分。一般用秤或普通药物天平称重，称重应在采样当天进行完毕。干重测量方法为称取子样品（不得少于样品量的10%），置于鼓风干燥箱中干燥 48 小时或直到恒重，然后取出子样品称其干重。

（五）着生藻类监测

1. 采样与检测方式

岸边着生藻类的采集采用天然基质采样的方法，在采样点附近随机选取一块合适的石头，采集深度不超过 50 cm，将基质上一定面积的着生藻类用尼龙刷刷干净，并与蒸馏水充分混合后，立即加鲁哥氏碘液固定。使用柱状采泥器采集底泥表层固着藻类，加入鲁哥氏碘液进行现场固定，其中采样面积为柱状采泥器内部截面积。着生藻类种类鉴定按照胡鸿钧等（1980）方法进行。

2. 着生藻类密度和生物量计算

使用光学显微镜和浮游生物计数框，对各采样点着生藻类进行生物量统计。通过计数得到藻类个数 n，并根据下列公式得出单位面积（1 cm^2）的基质上着生藻类个体总数量 N。

$$N=(C\times Lhn)/(V\times R\times S)$$

式中，C 为采集的样品中的水量；V 为实际计数的样本水量；L 为计数框边长；h 为视野中两平行线的长度；R 为计数行数；S 为刷下天然基质的面积。

3. 着生藻类优势种鉴定

优势度指数采用 McNaughton 指数（Y）：

$$Y=n_i/N\times f_i$$

式中，f_i 为第 i 种物种的出现频率；n_i 为水样中第 i 种的个体数；N 为每平方厘米的基质上固着藻类总个体数。当 $Y>0.02$ 时，则表示该物种为优势种。

4. 着生藻类多样性计算

采用 Simpson 多样性指数、Shannon-Wienner 多样性指数、Margalef 丰富度指数以及 Pielou 均匀度指数评估着生藻类的群落多样性。

Simpson 多样性指数：

$$D=1-\sum P_i^2$$

Shannon-Wiener 多样性指数：

$$H=-\sum P_i lnP_i$$

Margalef 氏物种丰富度指数：

$$D=(S-1)/lnN$$

Pielou 均匀度指数：

$$H_{max}=lnS。$$

式中，Pi 为第 i 个着生藻类的个体数占整个群落中全部着生藻类种类数的比值；S 为着生藻类总种类数；N 为着生藻类个体总数。

（六）鱼类监测

1. 资料收集和整理

收集水库及其相关水体的鱼类资源的有关资料并对收集到的资料进行分析，确定采样方法和捕捞方式。对于初次开展调查的水域，走访调查是了解水域基本情况，制定采样方案的必需阶段，周边渔业活动有关的主要利益相关者均可作为走访调查对象，包括渔民及其家属、渔业公司、渔村村委会、渔政管理部门、水产贸易者和科学家等，可设计好调查问卷邀请调查对象填写。重点需要了解的有水域注册渔船数量、主要作业方式、禁渔及增殖放流情况、主要品种产量年度变化、渔获物销售途径和市场链等。对于关键性数据，应注意从多方印证，如渔政管理部门提供的水域注册渔船数量，在实际作业中，很大一部分因捕捞成本与渔业补贴差别不大，仅是偶尔进行作业，对根据单船渔获物产量估算水域产量时影响很大。

渔民的捕捞日志，是评估鱼类资源量的重要数据资料，可以有效反映出库区主要经济鱼类品种的年度产量变化。考虑到渔民文化水平和劳动强度，捕捞日志采集的数据不宜过于繁杂和细致，通常以天为单位，记录数据包括作业江段、作业方式、作业时间、主要种类产量，对于重点调查种类，可委托渔民记录体长和采集鳞片。经验丰富的渔民会根据不同季节水域鱼类资源变化选择不同的渔具作业，也可作为评估鱼类资源的参考。雇佣渔民填写捕捞日志前应对其进行基本培训，包括表格填写方式，鱼类学名与当地俗称间的对应关系等。需注意的是渔民对一些外形区别不大的种类辨识度不高，因此应定期收购一至数日渔获物进行鉴定，了解这些种类产量的基本比例关系，以便于数据分析时进行校正。

2. 采样方式

自捕方式一般只用于研究库区周边支流水体，尤其是当地渔民较少，甚至无人从事捕鱼的小型河流渔获物采集，调查者在采集点使用撒网、丝网或电鱼机等工具捕捞小型鱼类（图 1-2）。通常的方式是雇佣当地渔民，抽取不同捕捞工具捕捞的渔获物，常见的内陆渔业捕捞工具主要有刺网、蹦网、定置张网、延绳钓、虾笼、电捕等。

图 1-2 现场采样

刺网设置在鱼类通道的断面上，可分为沉网、浮网和流刺网，流刺网为单层，沉网和浮网有单层或3层。刺网捕捉的鱼类和网目大小有关，通常同时对网目大小不同的刺网进行研究。刺网采样方法简单，但需注意两点：一是刺网对鱼类选择性较大，会影响研究的准确性；二是刺网作业渔获量受放网时间影响较大。例如，在坝下江段，渔民进行刺网作业需避开电站放水时间，放网时间短，渔获物少，影响对资源量的判断。

蹦网由上下筐和连接围网构成。从下而上围住一定面积的水体。谢松光等的研究表明蹦网上筐的上浮过程易惊扰上层活动能力较强的鱼类，使它们逃离蹦网要采样的区域。因此，蹦网主要适用于研究中下层活动能力较弱的小型鱼类。

定置张网在湖泊和库区鱼类的捕捞中使用较多，作为被动性渔具，其劳动强度较低，且具有采样成本低、取样方便、采样点可控性好的优点，但其结构对一些鱼类具有引诱或惊吓作用，从而影响鱼类采样的准确性。目前，一些省份的渔业管理部门已将定置张网列为违规违禁渔具。由于定置张网只能布置在近岸浅水带，渔获物为小型鱼类出现的概率相对较高。

内陆水域延绳钓捕一般为真饵单钩型，定置延绳式，其结构简单，操作方便，适应性广，不受水域条件的限制。以广西为例，一般以鲜河虾、黄粉虫为饵，主要捕捉对象为黄颡鱼、斑鳠、鲫鱼、鲤鱼、大刺鳅等底栖鱼类。由于渔获物市场价格较高，许多渔民专以延绳钓作为作业方式。作业时间主要受鱼饵供应限制，一般春节前后不作业。

虾笼以虾为主要捕捞对象，但笼中常见小型底栖鱼类，如虾虎鱼类、鳑鲏、盘鮈类等，水浑浊时可见大型鱼类幼苗，因此可作为调查的重要补充。

电捕在渔业生产中同样属于违法操作方式，但由于其对各种大小的鱼类都有明显的效果，因此在鱼类群落采样中应用较多。Mark等研究了不同电捕装置和时间对捕鱼的影响；Degani等研究表明，电捕对鱼类致死作用较弱，一般只是将其击晕，且电捕作用的范围较小，因此适宜在小型水域作为采样方式；Michael对水生植物中的幼鱼数量进行研究后认为用蹦网或罩网（类似蹦网，但方向为从上至下）比电捕更有效，因为电捕在相对清澈的水体中使用效果较好，但是在较浑浊、水生植物较多的水体中效率不高。

每种捕捞方式都具有选择性，若要对某一区域实际群落组成及结构进行研究，必须多种捕捞方式相结合。如凌去非等对长江天鹅洲故道各种渔具和渔获物进行了统计，分析了该江段鱼类群落多样性；胡菊英等曾用多种渔具采样和市场调查相结合的方法对长江安徽段鱼类进行了调查。在进行资源量评估时，应多根据当地渔民作业方式比例，抽取各种渔具单位渔获量进行计算，但值得注意的是，渔民选择作业方式不仅根据资源量，还受渔获物市场价格和作业强度的影响。

3. 采样要求

集中捕捞的水库应从渔获物中随机取样进行统计，取样数量应能反映当时渔获物状况，一般每种鱼的数量不少于50尾，渔获物中所占比例较少的种类应全部进行统计分析。常年有渔船作业的水库可按月进行渔获物统计分析。渔船数量较多时，可根据各种渔具的渔船数量按比例进行取样；渔船数量较少时，应对所有渔船的渔获物进行统计分析。各种渔具的渔获物应单独统计分析，统计时应掌握各种渔具的渔船数量和渔具规模，以及其产量在总渔获物中所占的比例。

每种鱼的标本数量宜为10～20尾，稀少或特有种类的标本多采集。采集的标本用水洗涤干净并在鱼的下颌或尾柄上系上带有编号的标签，采集时间、地点、渔具等应随时记录。将标本置于解剖盘等容器内，矫正体形，撑开鳍条，用甲醛溶液固定个体。较大的标本用注射器往腹腔注射适量的固定液，待标本变硬定型后，移入鱼类标本箱内，用5%～10%甲醛溶液保存，用量至少应能淹没鱼体。鳞片容易脱落的鱼类，应用纱布包裹以保持标本完整，小型鱼类可将适量的标本连同标签用纱布包裹后保存于标本箱内。

水声学是研究库区鱼类分布的有效方法，在不接触研究对象的情况下即可对其种群数量、分布等进行调查和评估。可定位鱼群位置及评估鱼群规模和密度，考察鱼类的分布、迁移等行为；与捕捞数据或水下摄影数据结合，可进行鱼类的种类、数目、大小等资源量的研究，对鱼类资源量进行监测与管理。国外利用水声学评估河流鱼类资源量初见于20世纪90年代，中国的渔业水声学相关研究起源于对海洋鱼类资源的评估，如陈国宝等用回声探测积分系统对南海5种主要经济鱼类的资源量进行了评估，并分析了其资源量的区域分布及季节变化。目前，水声学评估在内陆鱼类资源研究中已广泛应用，谭细畅等对东湖鱼类的空间分布逐月进行探测，并对不同水层的密度进行了差异性统计；张慧杰等探测了湖北宜昌中华鲟（*Acipenser sinensis*）自然保护区核心江段鱼类资源和分布；陶江平等探测三峡库区部分区域鱼类的资源密度及时空变化；王崇瑞等研究了青海湖裸鲤

(*Gymnocypris przwalskii*) 年资源量和时空分布特征；王靖等对清水河的鲢鱼、鳙鱼进行了回波计数与回波积分法声学评估的比较。

4. 鱼类群落结构

样品应按种类计数和称重，并计算每种鱼在渔获物中所占的百分比，计数、称重及计算结果应记入表中。每种鱼的观测数据应进行统计处理求出各种性状的大小比例及变动范围，分析水库的鱼类种类组成，包括区系组成特点和生态类型，并按分类系统列出名录表。

5. 主要经济鱼类体长、体重和年龄组成

样品中的主要经济鱼类应逐尾测量体长和体重，同时采集鳞片等年龄材料，并逐号进行鉴定，测量方法见图 1-2。测量结果应及时录入数据库，并根据测定结果求出每种鱼的体长组成、体重组成、年龄组成及各龄鱼的体长和体重。（图 1-3）

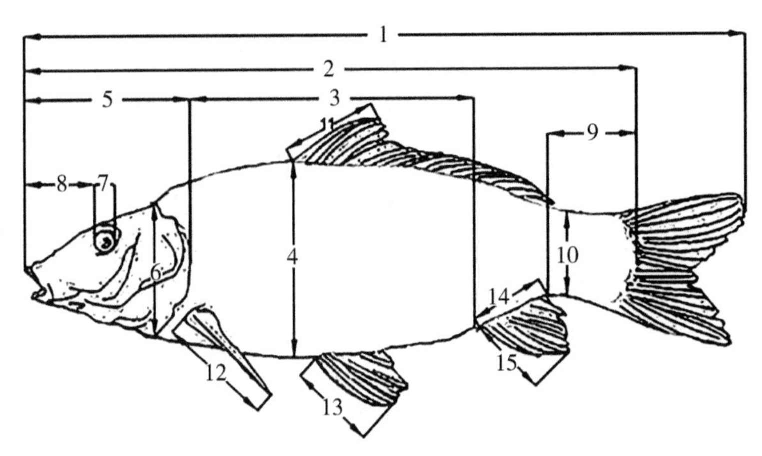

1. 全长；2. 体长；3. 躯干长；4. 体高；5. 头长；6. 头高；7. 眼径；8. 吻长；9. 尾柄长；10. 尾柄高；11. 背鳍长；12. 胸鳍长；13. 腹鳍长；14. 臀鳍基长；15. 臀鳍长

图 1-3 鱼类形态测量示意图

体长用直尺测量（精确到 0.1 cm），其他可量性状均采用电子数显游标卡尺测量（精确到 0.01 cm），用电子天平称量鱼体重量（精确到 0.1 g）。除常规测定方法外，可结合 FScan 2000 表型仪对样本图像进行采集，通过 3 Dpheno Fish 软件再次获取以上形态数据，并比较手工测量和图像采集，获得数据差异。最后，记录雌雄情况，建立鱼类种群形态指标数据库。

第二章　净水渔业方案设计

在本底调查的基础上，根据水库自身基本情况、主要服务功能、面临的主要环境问题以及生态环境保护的难点、重点、特点，提炼出符合自身特征的污染负荷控制方案，为净水渔业的实施奠定基础。实施期限从方案编制当年起，短期为3～5年，长期为10～20年。

一、生态环境主要问题识别及成因

（一）生态环境主要问题

1. 水库水质和水生态主要问题

根据水库与入库河流水体与底质中的总氮、总磷、化学需氧量、氨氮等指标的现状，水库水生动植物优势种群和数量、水体主要食物网结构与功能情况，结合历史数据，分析水库水质的主要指标和生态系统演替的历史变化规律，识别水库水质和水生态的主要问题。

2. 流域生态环境问题

分析水库流域入库河流河滨区、水源涵养林、库边湿地、消落带、缓冲区的生态环境问题，根据这些问题的现状及历史变化情况，分析流域生态环境问题及其与流域水质的相互关系。

（二）成因分析

（1）人口、产业结构与布局因素分析。从人口规模和布局、环保优化经济发展、环保促进经济绿色转型等方面，分析流域社会发展模式对水库流域生态环境保护的影响。

（2）水土资源利用因素分析。从水库流域水土资源利用效率角度，对该流域的水资源使用现状、土地资源利用现状开展系统调查与分析。

（3）污染源防治因素分析。从水库流域污染防治的优先次序角度，分析水库流域不同区域和不同类型污染源对水库水质和水生态的影响及贡献率，明确导致水库水质下降或者生态退化的主要区域、主要污染源、污染特征和污染量，以便有针对性地设计污染防治区域和开展工程项目布设。

（4）流域生态系统演变因素分析。从水库流域生态系统的历史演变趋势角度，分析其演变过程对流域生态功能的影响，为流域生态系统恢复提供依据。

（5）流域生态环境管理因素分析。根据国内外的水库生态环境综合管理制度和机制的经验，就水库及其流域内环境管理中存在的问题及不足之处进行分析，找出管理因素对环境问题的影响，以便提出更好的、适合该流域的生态环境综合管理机制。

二、库区污染负荷控制方案

净水渔业的本质是通过鱼类对浮游植物的摄食，使浮游植物保持在较低的生物量，控制藻类的暴发，并将水体中的氮、磷营养盐通过浮游植物、浮游动物的摄食，转化为鱼体蛋白，同时通过捕捞将鱼体蛋白移出水体，转化为经济效益。水体对滤食性鱼类的承载力是有限制的，如果滤食性鱼类移除的氮、磷不足以抵消氮、磷的净输入，则水体的富营养化趋势仍然不可避免。因此，净水渔业的实施效果，与库区污染负荷控制密切相关。需在对外源和内源污染源同时控制的情况下实施净水渔业技术，对库区进行生物修复。若在外源和内源污染源不能控制的情况下，以“净水渔业”理念对库区进行生物修复，则需时较长，且对技术要求更高，如实施轮放轮捕和限额捕捞等技术，要依据水环境变化制定具体实施方法。

（一）污染负荷控制目标

在水库生态环境状况调查与评估的基础上，从流域人口规模、产业发展、污染负荷排放、水土资源利用等方面进行全面分析，并根据水环境现状、库区污染负荷现状、生态环境问题识别、成因分析及各类趋势预测的成果，以定性和定量结合的方法模拟并预测在流域人类活动的干扰下库区水环境质量及水生态系统的变化趋势，判断库区生态安全未来发展态势，以及流域生态环境保护形势，环境风险防范形势等。同时，梳理规划流域内环保、发展改革、国土、水利、建设、农林等部门已经完成、正在实施和即将实施的各种规划，评估规划实施的环保效果（如项目支撑方向、项目完成情况、目标完成情况、组织实施方式等），掌握已有工作基础、成功经验，避免重复工作，识别生态环境保护盲区，结合水库面临的保护形势及压力，总结提出方案的关注要点。

库区污染负荷控制的总体目标应以促进水库生态系统健康为核心，并根据保护主体主要服务功能进行设置。基本要求为“水质不降级、生态不退化”，具体包括水质目标、生态目标和管理目标 3 个方面。水质目标体现总体实施方案完成入库河流及径流水质改善情况；生态目标体现流域生态系统结构和功能的完整性；管理目标体现库区水环境管理长效机制的建立情况。具体指标要清晰、可量化、可考核。

（1）水质改善目标。包括入库河流、径流、重点污染源外排水等目标的水质类别，设置主要污染物（如高锰酸盐指数、总氮、总磷、氨氮等）控制目标浓度。该目标涉及的具体指标不低于现状水平。

（2）生态修复与建设目标。包括库区自然岸线率（未开发或自然状态岸线长度占湖滨岸线总长度的比例）、流域植被覆盖率、新增（恢复）的缓冲带、湿地、生态涵养林面积等。

（3）污染负荷削减目标。主要污染指标包括化学需氧量、总氮、总磷、氨氮等污染负荷的削减量。

（4）管理目标。包括流域工业废水稳定排放达标率、城市生活污水处理率、城镇生活垃圾收集处理率、农村生活污水处理率、农村生活垃圾收集处理率、饮用水水源水质达标率、规模化畜禽及池塘养殖废物处理率等。

（二）污染负荷控制思路

库区污染源控制技术应涵盖点污染源、面污染源及湖内各种污染源。

对于水质改善型水库（目标水质优于现状的水库），污染源排放控制宜采用容量总量控制，以生态承载力为约束，以环境容量控制为手段，根据水污染控制管理目标与水质目标，核定入库污染负荷削减量，协调流域经济社会发展水平和污染治理技术经济可行性，并合理分配入库污染负荷削减量，具体方案的制订思路可参考图 2－1。

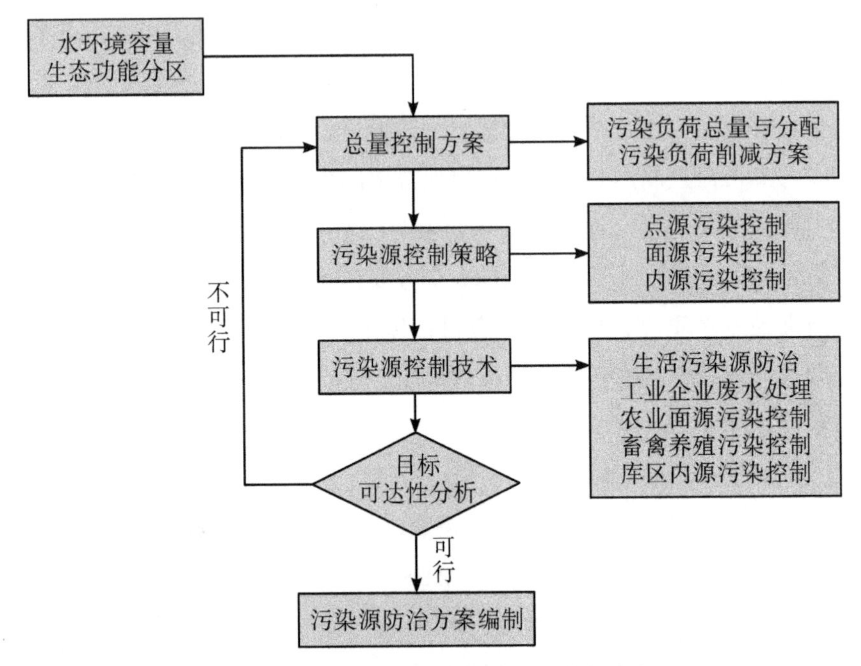

图 2－1　库区流域污染负荷削减技术路线

对于水质较好的水库（保持现状水质的水库），不宜采用总量控制法。应以现有排放水平为基准，适度削减入库污染负荷量，为库区水质的保持和改善及生境恢复创造空间，实现库区水环境长期稳定维持在较好水平。

（三）污染负荷削减方案

1. 点源污染负荷削减

针对流域内威胁库区水环境与生态环境安全的主要点源污染，实施污染负荷削减措施。

（1）城镇生活污染负荷削减。城镇生活污水处理通常采用建设污水处理厂的办法，新建、在建的污水处理厂应配套脱氮除磷设施，并严格控制出水水质标准；加快城镇污水收集管网建设，因地制宜实施雨污分流和环库截污工程，提高城镇污水处理厂运行负荷率，增加初期雨水的收集和处理能力；加强中水回用，削减入库污染物总量。对于目标水质要求较高的水库，可利用自然净化过程加强流域内污水厂尾水进入自然水体前的深度净化。建立完善的城镇生活垃圾收集、中转运输和处理系统，加强城镇生活垃圾的分类回收与资源化利用，提高生活垃圾处理率和资源化利用率。

（2）典型工业点源污染负荷削减。强化工业园区废水集中治理和深度处理，在对库区流域内主要工业污染源调查分析基础上，针对主要行业废水、矿山废水、含氮工业废水和含磷工业废水的具体排污特点，选择适宜的处理工艺、技术和设备；加强工业点源污染防治工程建设；通过提高库区重点行业氮磷污染物排放标准，提高企业准入门槛，严格执行环境影响评价、“三同时”制度，加强排污监控等措施，加强对企业环境的监管，减少工业污染负荷的产生及排放量。

（3）旅游污染负荷削减。可通过有计划地实施旅游活动，加强对旅游垃圾等的收集，加强宣传活动和经济管理措施，提高旅游者的环境意识和环境道德水平，甚至采取经济管理手段，减少旅游污染。

（4）港口、码头污染负荷削减。港口、码头设置船舶垃圾、粪便污水接收设施；年吞吐量达 15 万吨以上的装卸货物码头，业主应开展供装卸货物作业船舶使用的固体废弃物收集装置的建设；油码头、加油站应设置油污水处理装置。

（5）规模化畜禽及水产养殖污染负荷削减。根据库区周边畜禽及水产养殖污染特征和主要污染物性质，选择适宜的技术，对养殖污染进行综合整治，加强氮、磷、重金属等污染物的去除工作，削减污染负荷。

2. 面源污染负荷削减方案

在对流域面源污染特点进行分析的基础上，针对流域内威胁水库水环境与生态环境安全的面源污染实施污染负荷削减的工程与非工程措施。

（1）农村污水及垃圾污染负荷削减。加快推进农村生活污水治理，因地制宜采取集中式、分散式等方式，加快推进农村生活污水处理设施建设。推行城乡生活垃圾一体化处置模式，推进农村有机废弃物处理利用和无机废弃物收集转运，严禁在水体岸边堆放农村垃圾。

（2）农业面源污染负荷削减。开展农田径流污染防治，积极引导和鼓励农民使用测土配方施肥、生物防治和精准农业等技术，采取灌排分离等措施控制农田氮、磷流失，推广使用生物农药或高效、低毒、低残留农药。

（3）入库河流污染负荷削减。入库河流是输送面源污染物的重要途径。因此可因地制宜建设河滨湿地和缓冲区域，对小流域汇集的面源污染物实施生态拦截与净化，削减入河污染负荷；在满足河流防洪、排涝、水运等传统功能要求的基础上，实施生态拦截与净化，尽可能恢复河流水生植被及健康的水生态系统，提高其自身净化及抗污染干扰能力。

（4）小型分散式养殖（畜禽、水产）污染负荷削减。通过科学规划畜禽饲养区域，明确划分湖泊流域禁养区和限养区，合理建设生态养殖场和养殖小区，通过制取沼气和生产有机肥等方式对畜禽养殖废弃物加以综合利用。

3. 库区内源污染负荷削减方案

根据库区局部内源污染分布特征，分析污染底泥和浮游藻类的分布及有关物理、化学指标和污染特性、规模，可综合应用环保疏浚、原位处理、异位处理、曝气和生态修复等技术进行前端防治，降低内源污染物释放量。

（1）网箱养殖污染负荷削减。按各地人民政府发布的养殖水域滩涂规划，划定禁养区、限养区和养殖区。属于禁养区的全面禁养；属于限养区和养殖区的可以有计划地发展养殖，但应规定养殖方式、养殖容量和品种搭配；非江河型区养殖区适当发展生态网箱养殖，网外库区水域投放不投饵料的鲢、鳙、鲤、鲫，网内饲养一些名贵鱼类，特别推广发展“工程化循环水养殖”（跑道养殖）；江河型库区养殖区，适当发展“大网套小网”生态网箱养殖。

（2）漂浮物清理。对库区垃圾、生物残体（蓝藻及水生植物残体等）等漂浮物定期进行清理，确保水面清洁，防止二次污染的产生。

（3）航运污染负荷削减。加强航运船舶污染防治，加强运营管理；加快油船改造，使用清洁能源等；建立航运船舶油污水和垃圾收集处置长效机制等。

三、净水渔业实施技术路线

净水渔业技术是采用内源性生物操纵手段来调控湖水中的氮、磷含量，从而减缓水体富营养化与避免蓝藻暴发，达到提高水体自净能力、改善水质、保护生物多样性、修复水生生态系统的目的。达到外源性手段所不能达及的目的。研究表明，一定数量的滤食性鱼类（鲢、鳙）和底栖动物（河蚬、蚌、螺等）对水体中浮游生物有控制效应，可抑制蓝藻的生长，让水中的氮、磷通过营养级的转化，最终以鱼产量的形式得到固定，当将渔获物捕捞出水体时就移出了氮和磷。在库区污染源得到有效控制的前提下，主要技术路线可概括为鱼种投放→持续监测→集中回捕→检测分析。

（一）鱼种投放

净水渔业的关键技术是放流滤食性鱼类，如鲢、鳙等大规格鱼种，回捕高规格成鱼。要求禁捕时间长，水域中有一定的鲢、鳙群体，使之能有效控制水中的浮游生物，抑制蓝藻，让水中的氮、磷通过水生生物营养级的转化固定到鱼体中，最后以渔获物的形式带走水体中的氮、磷。鱼种投放应尽可能保障鱼种的成活率，并便于回捕和检测，涉及苗种质量、投放时间选择、投放地点选择、人工标志等关键环节。

1. 苗种质量

鲢、鳙的苗种（图 2-2）质量应符合《鲢鱼苗、鱼种》（GB 11777—2006）和《鳙鱼苗、鱼种》（GB 11778—2006）相关要求，一般应投放 2 龄以上苗种，既可保证较高的成活率，又可在 2 年后达到起捕规格，如水库面积较大，2 龄苗种供应量不足时也可投放 1 龄苗种，但宜集中投放在饵料生物较为丰富的库汊、库湾水域，并设置围栏，以便于管理。

图 2-2　鲢（左）、鳙（右）健康苗种

为改善群落生物多样性或其他生态功能而投放其他鱼类的，也应符合相关种质标准，亲本和苗种还应分别符合亲本质量要求和苗种质量要求相关标准。暂无种质标准、亲本质量和苗种质量要求的物种，应委托从事该物种研究的专家提出关于其种质、亲本、苗种的要求，并组织相关专家进行评审，由自治区渔业行政主管部门确认。注意投放的苗种应当是本地种的原种或其子一代，水生经济生物苗种供应单位必须持有《水产苗种生产许可证》，珍稀、濒危生物苗种供应单位必须持有《水生野生动物驯养繁殖许可证》。禁止向库区投放外来物种、杂交物种。

投放的苗种应规格整齐、游动力强、体表完整、无肉眼可见病灶。达到目标规格的个体数占比≥90%，死亡个体、伤残或畸形个体、体色异常个体、体表挂有附着物（非纤毛虫）个体之和占比<5%。投放前进行检验检疫，可参照《鱼类检疫方法第 1 部分：传染性胰脏坏死病毒（IPNV）》（GB/T 15805.1—2008）相关要求。

2. 投放时间选择

投放时间为 3～11 月，可根据当地禁渔时间或起捕作业时间确定，保证苗种投放后2个月适应期内不会因人工捕捞而大量死亡。

3. 投放地点选择

库区水域管理权明晰，无须设置围栏辅助管理的，采用全库区投放，宜用渔船投放法。投苗时船速小于1 m/s，将苗种尽可能贴近水面，带水缓缓投入水中，使苗种均匀分布。对于因跨行政区域等原因导致库区水域管理权不统一或偷捕严重的水库，需设置围栏以保障净水渔业实施方的利益，可根据围栏位置，选择邻近路边、水质较好、远离闸口和涵道的上风口岸投放苗种。一般在水域顺风面的堤岸，贴近水面带水缓缓倒入水中。运输水体水温与待放流水域的水温差不超过±3℃（图2-3）。

图2-3 苗种检查和投放

江苏无锡蠡湖在开展净水渔业治理过程中，提出一种放流地点适宜的评价方法。该方法需要的数据较多，评价过程相对复杂，但其提出的相关评价因子具有较高的参考价值，在实际开展工作中应综合考虑，其方法如下。

(1) 收集整理与宜渔性评价有关的所有因子及相关历史数据，通过SPSS分析法，得出各主成分贡献率和累计贡献率，筛选决定因子。使用的宜渔性评价因子包括光能、总氮、总磷、透明度、溶解氧、pH值、高锰酸盐指数、水温、水生动物、微生物、浮游生物、底栖生物、品种搭配、水生植物、水流速、与育苗场距离、工业生产、降水量、气温、水位、水量蒸发、与居民点距离、人口密度等，最终划分为 3 个主成分，筛选出 15 个评价因子。其中，主成分 1 包括总氮、总磷、浮游生物、底栖生物、降水量、水位、与居民点距离；主成分 2 包括溶解氧、水生动物、水生植物、水流速、气温；主成分 3 包括 pH 值、品种搭配及与育苗场距离。

(2) 用鱼骨图法理顺各评价因子间的从属关系，以增殖放流适宜地作为目标层，生物数据、水文气象数据、水质数据和其他因素作为准则层。

(3) 运用层次分析法，根据判断矩阵计算各指标权重系数。

(4) 使用地理信息系统软件，如 ArgGis，通过软件内置的插值模块，将采样点的数据扩展到整个库区，将栅格图像进行加权平均，通过分级处理，将指标数据直观地体现在电子地图上。综合考虑 15 个参考因子和栅格运算的结果做出分级图。

4. 人工标志

投放鱼种的同时必须进行人工标志工作，以备检测和分析鱼种的生长情况，标志鱼比例应达到放流比例的 0.1%。将鱼种做好标志后放流，重新捕获时可根据标志信息研究回捕鱼的分布、生长和资源等状况。回捕标志鱼后，根据标记信息，对比放流时该标志鱼的信息和回捕后该鱼的相关信息，进一步结合鱼体长度、重量和年龄资料，研究鱼类的生长规律，检验增殖放流的效果，或估算摄食藻类数量等。标志鱼信息应建立专门数据库，以方便相关信息的检索。

人工标志一般采用体外标志法，其优势在于容易识别，在大量捕捞时可以快速识别标志鱼。标志为专用的 T 型标或锚标，牌上标明牌号。标志牌宜挂在被标记鱼的背鳍基部后部靠近上体侧边缘，其他种类根据物种形态选择适宜标记位置，使用标志枪和工字形塑料针将标签固定。标志后将标志对象放入 100 mg/kg 抗生素水体中药浴 30 min，暂养 2～3 天后放流。

标志鱼数据库应包括标志鱼种基本信息表、回捕鱼基本信息和分析表。标志鱼的基本信息表包括品种、标志号、放流时间、鱼种体重、体长、全长和备注；回捕基本信息和分析表包括品种、标志号、回捕时间、鱼体体重、体长、全长、年龄、生长天数、增重、增重率和备注。

体外标志流程：采用塑料挂牌标志技术，选择适合的鱼体位置，先进行标志鱼的生长试验，确定简便、有效的标志方法。标记投放个体后进行回捕调查，统计反馈信息。

(1) 制作挂牌。参考其他鱼种标志，选择重量轻、成本低廉、制作简单、标志方便及可视性强等特点的标牌，便于大规模标记放流使用。

（2）选择标志部位。选择的标志部位应尽量不影响幼鱼正常生活且位置显眼。

（3）挂标签。使用标枪和工字形塑料针将标签固定在鱼体上。

（4）药浴。将挂标签后的幼鱼放入 100 mg/L 抗生素水体中药浴 30 min，防止幼鱼感染死亡。

（5）暂养。药浴后将幼鱼放回养殖池内暂养 2～3 天。养殖池水温不宜过高（最好与放流水域水温相近），避免幼鱼挂标签后伤口感染。

（6）投放。将标记的幼鱼装袋充氧后进行投放。

（二）持续监测

调查方法与库区本地调查方法相同，重点监测以下方面。

1. 鱼类群落结构调查与研究

重点进行各采样点的渔获物种类与量的监测、分渔具渔获物监测、测量各种鱼类生物学的指标。在各采样点同时设置地笼网和刺网若干，监测频率为每月 1 次，放网时间和时长应尽量固定。

应将所有渔获物进行分类鉴定，一般鉴定到种，通常测定渔获物的可量性状和可数性状如体长、体重等，统计渔获尾数和重量。将鉴定到种的渔获物、鱼类资源状况、群落结构、群落优势种、多样性指标、多样性空间特征、放流前后变动趋势等录入数据库。

分析鱼类群落结构和鱼类生物多样性动态变化规律一般使用如下参数。

（1）Jaccard 相似性系数。可分析不同监测采样点的鱼类群落结构。

$$q=\frac{c}{a+b-c}$$

式中，a 为 A 群落的物种数；b 为 B 群落的物种数；c 为 2 个群落共有物种数。

当 q 为 0～0.25 时，表明 2 个群落间为极不相似；q 为 0.25～0.5 时，为中等不相似；q 为 0.5～0.75 时，为中等相似；q 为 0.75～1.0 时，为极相似。

（2）多样性指数。常见的多样性指数都是以个体数量作为基本研究对象。常用如 Shannon-Wiener 多样性指数、Simpson 优势度指数、Pielou 均匀度指数、Margalef 均匀度指数等。这些多样性指数随取样方法及样本大小不同而变化较大，也没有衡量其偏离期望值多少的统计方法，仅能进行同一水域时间序列数据的对比评价，此外，这些指数对环境变化呈非单调响应，随生境类型不同而变化剧烈。为了研究群落的分类学关系的变化，分类学多样性指数，Warwick 和 Clarke 提出分类学多样性指数，不仅依据渔获种类数量，而且考虑了每个个体在分支树中的分支路径长度，分类学多样性的下降意味着群落中组成物种在形态亲缘关系上更加接近。一般而言，形态亲缘关系越近，意味着生态位越近，而生态位越接近的物种，对于外界扰动的响应也越为接近，这也意味着“更窄”的扰动区间即可对该群落产生较明显的影响，因此分类学多样性降低直接反映了群落稳定性降低的变化特点。在通常的净水渔业鱼类群落分析中，多采用 Shannon-Wiener 多样性指数和 Pielou 均匀度指数作为鱼类群落多样性和丰富度的参考指数。

多样性指数的计算公式如下：

$$H'=\Sigma_{i=1}^{s}\ (P_i)\ (\log_2 P_i)$$

$$H''=\Sigma_{i=1}^{s}\ (W_i)\ (\ln W_i)$$

$$J=\frac{H'}{\log_2 S}$$

式中，H' 为 Shannon-Wiener 多样性指数；H'' 为 Wilhm 改进指数；J 为 Pielou 均匀度指数；S 为该采样点鱼类种类数；P_i 为第 i 种物种个体数占总个体数的比例（即 n_i 与 N 的比值）；W_i 为采样点中第 i 种样品的生物重量在全部样品中所占的比例。

评价标准见表 2－1。

表 2－1　生物多样性阈值的分级评价标准

等级	阈值	等级描述
Ⅰ	＜0.6	多样性差
Ⅱ	0.6～1.5	多样性一般
Ⅲ	1.6～2.5	多样性较好
Ⅳ	2.6～3.5	多样性丰富
Ⅴ	＞3.5	多样性非常丰富

（3）采用相对重要性指数（IRI）评价鱼类群落的生态优势度。

$$IRI=\ (P_i+W_i)\ F$$

式中，P_i 为采样点第 i 种样品的个体数在全部样品中所占的比例；W_i 为采样点中第 i 种样品的生物重量在全部样品中所占的比例；F 为各种类在各监测点所有抽样次数中出现的频率。

（4）体长频率分析。体长频率分析法通常采用 FAO 基于 ELEFAN 技术推出的 FISAT Ⅱ软件估算渐近体长 $L\infty$ 和生长系数 K 值，进一步估算鱼类资源开发参数。主要用于分析捕捞活动和环境变化对鱼类群落结构的变化影响，如林龙山等根据 1997～2000 年东海区底拖网渔业资源调查资料，分析了 18 种主要经济鱼类的渔业生物学特征，运用体长频率法估算了 Von Bertalanffy 生长参数、总死亡系数、自然死亡系数、捕捞死亡系数和开发率。该方法要求在调查时测量待分析经济鱼类的体长值，并根据体长分部情况设置体长分组组距。由于生产记录法获得的记录多以体重数据为主（渔民出售渔获物以重量计算），因此需根据生长方程将其换算为体长数据。在调查市场渔获物时，如不便测量体重，可垂直拍照后从照片中获得体长数据，该方法估算结果受体长分组组距影响较大。陈国宝等根据珠江口水域康氏小公鱼（*Stolephorus commersomi*）和棘头梅童鱼（*Collichthys hucidus*）的生物学测定资料，分别以不同的体长分组组距重构体长频率组成数据，分析以不同体长分组组距为基础的估算结果的差异。结果表明，以相差较大的不同分组组距重构体长频率组成数据来估算渐近体长、生长参数和资源开发参数均有明显的差异，建议以体长全距、体长标准差和样品数量等影响因素来共同确定某种鱼类的体长分组组距，从而提高估算结果的可信度。体长频率分析法分析结果可直接提出对某种鱼类的利用策略，如开捕年龄、开捕规格等，但不能反映各种环境因子对鱼类群落的影响。

（5）典型对应分析。典型对应分析的实质是通过矩阵排序及分析，将多个环境因素分解出若干相互独立的组合，并与生物因素进行回归分析或其他关联分析，从而解析生物种群的空间分布定量规律及其动态变化机制。其最大优点是可以把样方、对象与环境因子的排序结果表示在同一排序图上，近年来被广泛应用于研究江河鱼类种群分布及变动与环境因素的关系。该方法的关键点在于环境因子的选择，考虑到鱼类生态位的分离往往是因为物种对食物、空间、时间 3 种资源的利用有所差异，环境因子的选择也应考虑到物种在 3 种格局的分离程度。李捷等研究了连江鱼类群落多样性与环境因子的关系，发现河宽、温度、海拔、pH 值和水坝间距离 5 个因子与鱼类群落相关性较强；Kadye 认为河床底质、水深和水温影响最大；Brown 认为影响鱼类群落分布的关键因子为电导、坡度和平均河宽；此外，悬浮物、水生植物覆盖率、风速、河口嘴的宽度，以及集群行为和竞争等均可作为关键因子。典型对应分析中环境因子选择是否适宜，可通过分析解释鱼类群落与环境关系的比例判断，绝大多数研究的解释比例均为30%～40%，而少数研究的解释比例大于40%。当解释比例较低时，说明还有其他生物或者非生物因子会影响鱼类群落。后续研究中应该适当多选取一些环境因子，以提高解释比例。

2. 水质和水生物调查与监测

水质和生物调查与监测项目及调查方法同本底调查。

（1）水质评价方法。水质评价可根据《地表水环境质量标准》（GB 3838—2002）对各单项因子进行评价，确定水质类别变化情况。也可依据富营养化程度等级划分标准，以总磷、总氮、叶绿素a、高锰酸盐指数和透明度5项主要污染指标作单因子评价，见表2-2。

表2-2　水库富营养化程度分级评价标准

富营养化程度分级	Chla（mg/m^3）	TP（mg/L）	TN（mg/L）	COD_{Mn}（mg/L）	SD（m）
Ⅰ：极贫营养型	≤0.5	≤0.001	≤0.02	≤0.15	≥10.0
Ⅱ：贫营养型	≤1.0	≤0.004	≤0.05	≤0.40	≥5.0
Ⅲ：贫—中营养型	≤11.0	≤0.010	≤0.10	≤1.00	≥3.0
Ⅳ：中营养型	≤26.0	≤0.050	≤0.50	≤4.00	≥1.0
Ⅴ：中—富营养型	≤42.0	≤0.200	≤1.00	≤8.00	≥0.5
Ⅵ：富营养型	≤160.0	≤0.800	≤6.00	≤25.00	≥0.3
Ⅶ：严重富营养型	≤400.0	≤1.000	≤9.00	≤40.00	≥0.2
Ⅷ：超富营养型	>400.0	>1.000	>9.00	>40.00	<0.2

也可采用综合营养状态指数法，选择总氮、总磷、叶绿素a、透明度和高锰酸盐指数5项主要污染指标，对水体的营养状态按贫、中、富进行归类，计算方法如下：

$$TLI(Chla)=10\times 2.5+1.086\ln Chla)$$

$$TLI(TP)=10\times(9.436+1.624\ln TP)$$

$$TLI(TN)=10\times(5.453+1.694\ln TN)$$

$$TLI(SD)=10\times(5.118-1.94\ln SD)$$

$$TLI(COD_{Mn})=10\times(0.109+2.661\ln COD_{Mn})$$

$$W_j=\frac{r_{ij}^2}{\sum_j^m=1r_{ij}^2}$$

$$TLI(\Sigma)=\sum_{j=1}^m W_j\times TLI(j)$$

式中，TLI（j）为第 j 种参数的营养状态指数；W_j 为第 j 种参数的营养状态指数的相关权重；R_{ij} 为第 j 种参数与基准参数 Chla 的相关系数；M 为评价参数的个数。

水体营养状态分级与评分值之间关系见表 2－3。

表 2－3　水质类别与评分值对应情况

营养状态分级	评分值 TLI（Σ）	定性评价
贫营养	0<TLI（Σ）≤30	优
中营养	30<TLI（Σ）≤50	良好
（轻度）富营养	50<TLI（Σ）≤60	轻度污染
（中度）富营养	60<TLI（Σ）≤70	中度污染
（重度）富营养	70<TLI（Σ）≤100	重度污染

（2）水生物调查与监测评价方法。应对蓝藻变动情况、生物多样性和年度间的相似性进行重点分析。对水生物生态学特征分析评价的各项指数计算公式如下。

Jaccard 种类相似性指数：

$$X=\frac{c}{a+b-c}$$

Pielou 均匀度指数：

$$J=\frac{H'}{\log_2 S}$$

Mcnaughton 优势度指数：

$$Y=\frac{n_1}{N}\times f_i$$

Shannon-Wiener 生物多样性指数：

$$H' = -\sum_{i=1}^{s} \mathrm{Pilog}_2 P_i$$

式中，a 为采样点 A 的种类数；b 为采样点 B 的种类数；c 为采样点 A 和 B 都出现的种类数；fi 为第 i 种在各采样点中出现的频率；S 为采样点中总的种类数；P_i 为第 i 种的个体数（n_i）与总个体（N）的比值。

Jaccard 种类相似性指数反映了生态环境的相似程度。种群的相似性仅与种群的物种组成相关，与物种多样性大小无关，Jaccard 种类相似性指数 X 的变动范围是 0～1，相似性指数为 0 时表示 2 种群种类完全不相同，相似性指数为 1 时表示种类完全相同，相似性等级一般划为 6 级，见表 2-4。

表 2-4　相似性阈值的分级评价标准

相似性指数分级	评分值 TLI（∑）	定性评价
Ⅰ级	0	完全不相似
Ⅱ级	0.01～0.25	极不相似
Ⅲ级	0.26～0.50	轻度相似
Ⅳ级	0.51～0.75	中度相似
Ⅴ级	0.76～0.99	极相似
Ⅵ级	1	完全相似

Pielou 均匀度指数是多样性指数与理论上最大多样性指数的比值，是一个相对值，其数值范围为 0～1，反映出各物种个体数目分配的均匀程度。通常认为 Pielou 均匀度$>$0.3 是多样性较好的标准。

Mcnaughton 优势度指数主要反映优势种种类数及其数量对群落结构稳定性的影响，优势种种类数越多且优势度越小，则群落结构越复杂、稳定。

Shannon-Wiener 生物多样性指数是一种反映样品信息含量的指数，正常环境，该指数值升高；环境受污染，该指数值降低。一般认为 H' 在 3.0 以上时为清洁水质，在 2.0～3.0 时为轻度污染水质，1.0～2.0 为中等污染，1.0 以下时为严重污染。

（三）集中回捕

初次投放大规格鲢、鳙等鱼种后，应禁捕 2 年，再集中回捕。回捕前定期进行试捕，根据投放品种的生物学信息、投放时间、投放区域等因素确定试捕时间和试捕地点。

1. 鱼类年龄鉴定

试捕鱼类根据其标志信息或年龄和体长体重关系，判断鱼类生长情况，鉴定鱼类年龄的材料一般有鳞片、鳍条、耳石、脊椎骨、鳃盖骨等。有鳞的鱼类一般以鳞片为主要鉴定材料，其他年龄材料用以对照。无鳞或鳞片细小的鱼类，可取鳍条等骨质年龄材料。鳞片应从背鳍下方、侧线上方的部位取得，鱼体左右两侧宜各取 5～10 枚，再生鳞不得用于鉴定鱼类年龄。取下的鳞片置于鳞片袋内，并在鳞片袋上记录被取鳞的鱼的体长、体重、性别及日期、地点等。

鱼类年龄材料的处理方法分为 2 种，鳞片的处理方法为放入温水或稀氨水中浸泡，并用软刷子（如牙刷）把鳞片表面的黏液、皮肤、色素等洗掉，吸干水分后夹入载玻片中间备用；鳍条等骨质年龄材料的处理方法与鳞片基本相同，用水煮 10 min 左右，洗净后经肥皂水或汽油等浸泡以便脱去脂肪，再漂洗干净并晾干。如果用鳍条作为鉴定鱼类年龄的材料，可用小钢锯在距鳍条基部的 1/3 处锯 4～5 片，每片厚 0.5 mm 左右，并用细油石把鳍条切片的表面磨光，直到年轮能够显现出来。鳍条切片磨光时，其厚度控制在 0.3 mm 左右。在处理好的鳍条切片上，先滴少量二甲苯以增加切片的透明度，然后用普氏胶将切片粘在载玻片上。

鱼类年龄组的划分方式如下。

1 龄鱼组（0～1 个年轮）：经历了 1 个生长季节，一般在鳞片或骨质组织上面还没有形成年轮，或第 1 个年轮正在形成中的个体。

2 龄鱼组（1～2 个年轮）：经历了 2 个生长季节，一般在鳞片或骨质组织上面已形成 1 个年轮，或第 2 个年轮正在形成中的个体。

3 龄鱼组（2～3 个年轮）：经历了 3 个生长季节，一般在鳞片或骨质组织上面已形成 2 个年轮，或第 3 个年轮正在形成中的个体。

其他年龄鱼组可按上述依此类推。

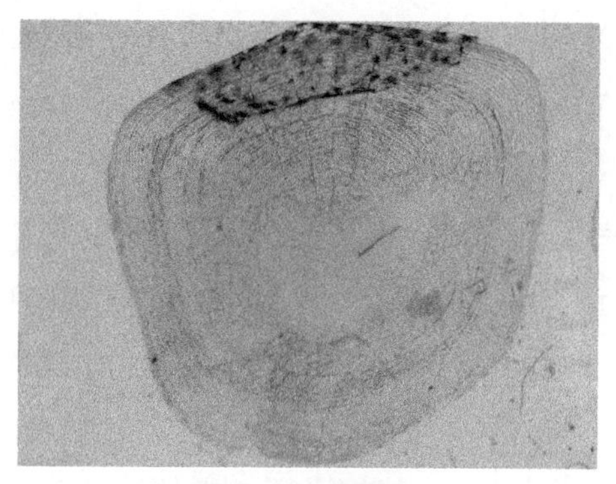

图 2-4　鲢鳞片

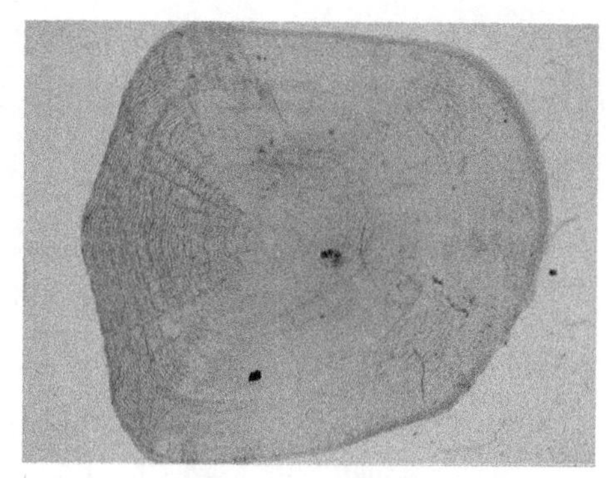

图 2-5　鳙鳞片

2. 鱼类生长速度测算

鱼类生长速度可直接从渔获物中测量鱼的体长和体重，再根据年龄材料鉴定年龄，计算出各龄鱼的平均体长和平均体重。亦可根据鱼类体长和鳞长呈正比例增长的原理，按下式进行计算：

$$L_n=\frac{R_nL}{R}$$

式中，L_n（mm）为推算的在以往第 n 年的体长；R_n（mm）为与 L_n 相应的第一年的鳞片长度；L（mm）为实测体长；R（mm）为实测鳞片长度。

比较同一种鱼在不同生长阶段中的生长情况，或者是比较同一种鱼在不同水域中的生长情况，可采用生长指标。生长指标按下式进行计算：

$$K=\frac{(\log L_2-\log L_1)\ L_1}{0.4343\ (T_2-T_1)}$$

式中，K（mm/a）为某一段时间内的生长指标；L_1（mm）为某一段时间开始的体长；L_2（mm）为某一段时间结束的体长；T_1（a）为某一段时间的开始时间；T_2（a）为某一段时间的结束时间；0.4343 为对数转换系数。

通常试捕发现投放鱼类体长体重达标时，即可进行正式回捕。集中回捕应记录起捕时间、起捕品种，主要经济鱼类的规格、数量，以及标志鱼类的回捕情况。

（四）检测分析

对回捕鱼类进行检测分析，是评估净水渔业实施效果和决定下一阶段实施方案的重要依据，一般根据回捕率估算投放鱼苗的成活率。回捕个体的形态学、生物学、遗传学测量数据，均可作为净水渔业实施效果的评价依据。将年龄、生物学指标、食性检测、生长监测、群落结构等数据录入数据库，可以计算成活率、增重率、适宜放流鱼种规格、适宜回捕成鱼规格、移除水体氮量、磷量、摄食藻类数量等重要参数。

1. 鲢、鳙的生长检测（其他鱼类类同）

（1）鱼类生物学、年龄等。按《养殖鱼类种质检验》（GB/T 18654—2008）检测鱼类的体长、体重等。

（2）年龄鉴定。将鳞片放入稀氨水（浓度10%）浸泡24 h，用毛刷或软布轻轻擦去表皮及黏液，放入清水中冲洗，拭干，夹在2片载玻片中，在体视镜下观察并鉴定年龄。

（3）肥满度计算。依据福尔敦（Fulton，1920）肥满度公式：

$$K=100W/L^3$$

式中，K 为肥满度；W 为体重（g）；L 为体长（cm）。

（4）体长与体重关系。采用Keys公式：

$$W=aL^n$$

式中，W 为体重（g）；L 为体长（cm）；a和n为常数。

体长与体重呈幂函数关系，如幂指数接近3，说明基本为匀速生长。

（5）生长方程计算。采用VonBertalanffy方程描述鲢、鳙的生长情况：

$$L_t=L_\infty \left[1-e^{-k}(t-t_0)\right]$$

$$W_t=W_\infty \left[1-e^{-k}(t-t_0)\right]$$

式中 L_t、W_t 分别表示时间为t时的体长和体重；L_∞、W_∞ 分别表示最大年龄时的体长和体重；k表示体长趋于 L_∞ 时或体重趋于 W_∞ 时，表征生长速度的参数；t_0 为理论生长起点年龄。

2. 鲢、鳙摄食藻类情况

可使用网箱投放一定密度的鲢、鳙用于检测鲢、鳙摄藻情况，特别是对蓝绿藻的吸收消化情况，主要用于净水渔业实施效果评价。

试验时间应和库区当地藻类的生长旺盛期一致，试验的采样频率为每周1次，对野外现场采样的鱼类完成部分定量和定性分析。按常规生物学研究方法测定样品的体长、全长和肠长，称取体重、空壳重（除去内脏后的重量）和消化腺重及食团湿重等。将消化道分为前肠、后肠，用注射器吸取5%的福尔马林固定液，插入肠道中，分别将前肠、后肠内所有内含物冲洗入对应的标本瓶。在实验室双筒显微镜下完成食物团的观察，吸取攒匀的内含物水样0.1 mL滴入计数框玻片内，在40×10倍下观察100个视野，记录观察到的藻类，包括浮游植物的分类和在鱼类肠道内出现频率的统计，浮游植物的分类鉴定到属或种。解剖鱼体的消化道用5%的福尔马林固定后带回实验室进行定量分析，观察消化道形态和发育状态，评价食物的充塞度，计算以下5个指标。

(1) 肠长指数=肠长/体长；

(2) 消化腺指数=消化腺重量/肠长；

(3) 消化腺指数，包括胆囊在内的肝胰脏；

(4) 食物充塞度指数=10000×食物团湿重/鱼空壳重；

(5) 肥胖度系数 $Q=100\ W/L$。

其中 Q 为条件系数，W 为剔除内脏后的空壳重，L 为鱼的体长。肠道充塞度分为0级到4级，0级为肠道中没有食物，空肠；1级为肠道中仅有残食，约占肠管1/4；2级为肠道中有少量食物，约占肠管1/2；5级为肠道中有适量食物，约占肠管3/4；4级为肠道中充满食物，肠壁不膨大；5级为肠道中充满食物，且肠壁膨大。

3. 净水渔业带出的氮、磷估算

参照鲢鱼体的氮、磷含量与体重的关联方程：$Y_N=0.0154X^{1.076}$、$Y_P=0.0154X^{1.112}$ 和鳙鱼体的氮、磷含量与体重的关联方程：$Y_N=0.0169X^{1.054}$、$Y_P=0.0075X^{0.952}$ 计算放流鱼类的氮、磷含量。其他天然鱼类的氮、磷含量按鱼类含氮2.5%～3.5%、含磷0.3%～0.9%计算。

（五）实施效果评估

净水渔业实施效果重点从以下6个方面进行分析。

1. 蓝藻水华暴发情况

蓝藻水华是指水体中的微囊藻类等在条件适宜的情况下大量繁殖，集中上浮到水的表面，形成一层蓝绿色油膜，严重时，下风处集成数厘米厚的蓝绿色浮沫，并伴有腥臭味。氮相对偏高的水体中特别容易形成蓝藻水华，蓝藻水华释放的毒素对鱼类和供水安全都有极大威胁。是否能有效控制蓝藻的暴发，是净水渔业实施效果的重要表现。

对鲢、鳙肠道的食物团进行显微镜检查，检测鲢、鳙主要摄食的藻类，统计蓝藻、绿藻、硅藻、甲藻和隐藻等藻类的出现频率。其出现频率指标可表明鲢、鳙是否摄食了某种藻类，从而显示鲢、鳙对该藻类的喜好程度，通过其在前后肠道出现频率的多少可判断该藻类是否在鲢、鳙体内得到了有效分解。如蠡湖的研究结果表明，蓝藻中的微囊藻、颤藻在鲢、鳙的前肠、后肠均频繁出现，数量上占绝对地位；前肠出现的微囊藻多以细胞群体形式存在，后肠出现的微囊藻则以零星群体形式出现，而颤藻则以小片段出现，说明微囊藻和颤藻在鲢、鳙体内破坏了藻类的存在形式，可表明鲢、鳙的摄食有效遏制了微囊藻、颤藻的繁殖，控制了蓝藻水华的发生。

2. 总氮和总磷浓度变动情况

一定数量的鲢、鳙通过营养级转化，使水中的氮、磷以鱼产量的形式得到固定，当鱼被捕捞出水体时就移出了氮和磷。鲢主要摄食浮游植物，对食物的利用率较低，而排泄物较多；鳙主要摄食浮游动物，对食物的转化率和利用率较高，因而排泄物较少。邹清等（2002）对鲢、鳙不同生长阶段排泄物中氮、磷含量的变化规律进行分析，发现小型个体对所摄取食物的氮的吸收率和转化率高于大型个体，而对磷的吸收率和转化率则正好相反。陈少莲等（1991）的试验表明，鲢、鳙的氮、磷排泄量随着鱼体重增加而上升，而其排泄率则随着鱼体重增加而下降，其中鲢的氮、磷代谢强度高于鳙。为降低湖水中氮、磷含量，在湖区必须有一定的大个体的鲢、鳙群体，使其通过摄食过程加速水体氮、磷释放，提高对初级生产者的利用率。鲢、鳙通过摄食转化能量使大量氮、磷固定到鱼体内，由于不同生长阶段的氮、磷含量及体重与氮、磷含量的关系基本保持稳定，鱼体越大存贮氮、磷越多，移出水体时带走的氮、磷也越多，因此捕捞出水的必须是大个体的鲢、鳙。

水体中总氮、总磷的变化情况，可以用于判断投放时间和捕捞时间是否适宜。

3. 水质类别变化

分析实施净水渔业的水库单项水质因子年度变化和多年同期变化。

（1）水温变动。主要分析水库最近几年平均水温是否有较大变化，蓝藻水华的发生或消失是否因水温变动而引起。

（2）透明度。透明度是评价库区水体营养状态的重要参数，与水体中浮游植物密度、浊度等密切相关。透明度在不同时间的变化，以及实施净水渔业区域与未实施区域的对比，均可作为净水渔业实施效果的分析依据。

（3）pH 值和溶解氧。鲢、鳙的投放一般不会对 pH 值和溶解氧造成明显影响，分析其是否处于正常范围即可。

（4）总硬度和钙离子、镁离子含量。鲢、鳙的生长可能造成库区水体总硬度和钙离子、镁离子含量略微降低。

（5）高锰酸盐指数和氮、磷营养盐含量。对比库区同采样点和同时段的高锰酸盐指数和氮、磷营养盐含量，实施净水渔业后总体表现出下降趋势。

4. 综合营养状态指数变化

采用综合营养状态指数法对水体的营养状态进行分级评价，净水渔业的实施，使综合营养状态指数表现出下降趋势。

综合营养状态指数的几个相关指标（叶绿素 a、透明度、总磷和总氮）中，叶绿素 a 是表征水体中浮游植物现存量的重要指标之一，可以较直接地反映库区水体富营养化水平的高低。叶绿素 a 含量与浮游植物总生物量存在极其显著的正相关，但氮、磷含量的下降不一定导致叶绿素 a 含量的下降。实测叶绿素 a 含量的时空分布，可以分析鲢、鳙摄食对其造成的影响。

5. 生态系统变化

可通过对放流前后的物种多样性、丰富度指数、优势种变化等进行分析，通过相似性系数等分析不同采样点间和同一采样点不同年份的差异。对于生态系统总体而言，放养大量的滤食性生物，首先表现在生态系统的生产力规模上，其有很大程度的增加，总消耗量、总输出量、总呼吸量、流向碎屑的总量、系统总流量，总初级生产量均有增加。生态系统规模不断扩大，生态系统食物网的复杂程度增加，对营养物质利用率不断提高。

对浮游植物而言，鲢、鳙的投入主要是提高浮游植物的利用率，但在大库区一般不足以对浮游植物的总生物量造成显著影响，可能造成浮游植物生物多样性的提高和优势种的变化。对于蓝藻等水华物种，大个体的鲢、鳙有较大的鳃孔，能有效地摄取大型蓝藻及形成群体的蓝藻（如微囊藻），通过监测浮游藻类（特别是蓝藻）在放流鲢、鳙后的 4 年动态变化，可以分析鲢、鳙对库区浮游植物群落的影响。

对于浮游动物而言，放流鲢、鳙可能导致轮虫类和桡足类的减少，但一般不会达到浮游动物匮乏的地步，因为浮游动物种群被摄食导致密度下降后，生物量周转期会相应缩短，使产量保持相对稳定。

对于底栖动物来说，鲢、鳙投放后，会有大量排泄物进入底层水体，主要摄食的食物有机碎屑颗粒、腐殖质和微小生物的寡毛类动物可能有所增长。

对于鱼类而言，净水渔业的实施一般包括长时间的禁渔，捕捞压力的下降会导致土著鱼类通过自身繁殖使得种群资源补充量和亲体量显著上升，鱼类群落结构趋于合理化；资源增殖保护的累积效应得以逐渐体现，改善水域生态群落结构。

6. 经济和社会效益评估

利用鲢、鳙对浮游生物的摄食去除水体中的氮、磷，与投放螺、蚌等软体动物和种植水生植物相比，其优势在于鲢、鳙便于捕捞，且产品具有经济价值。在淡水鱼类中，鲢、鳙因成熟期短、刺多、养殖环境差导致土腥味重等，价格相对较低。但库区大水面净水渔业产出的鲢、鳙生长期长、肉质细嫩、无土腥味，尤其是 5 kg 以上的大鱼品质上佳，非常适宜打造有机水产品牌。例如，浙江千岛湖每年投放鲢、鳙老口鱼种 500 t 以上，1000 多万尾，捕捞有机水产品 2000 t 以上，加工有机水产品 1000 t 以上。生产的淳牌千岛湖鲢、鳙、银鱼等 10 个品种鱼类在 2000 年 10 月首家通过国家环境保护总局有机食品发展中心（OFDC）的有机食品认证，开创了我国有机水产品生产的先河。

净水渔业的社会效益和经济效益主要体现在以下 4 个方面。

（1）完善产业链。逐步建立起包含“研、养、管、捕、加、销、烹、旅”等环节的一条完整的有机渔业产业链，在全力推进有机渔业产业化发展的同时，大力发展渔业第二、第三产业，提高渔业附加值，增加渔业效益。打造优势品牌，发展休闲渔业。仍是以千岛湖为例，依托其丰富的渔业资源和新安渔文化，中华一绝的“巨网捕鱼”和中国餐饮名店——千岛湖鱼味馆两大品牌优势，结合渔业生产，全面地展现水上渔民的生产方式、生活习俗和特色文化，注重参与性和科普性，把其建设成为集观光、娱乐、休闲、度假为一体，具备吃、住、游、娱功能的综合性特色旅游“拳头”产品。

（2）带动周边发展。以“公司＋农户”的产业化模式，集中优势，充分发挥龙头企业作用，带动库区农民致富，实现水库生态渔业可持续发展。如千岛湖依托 80 万亩养殖水面，以“公司＋农户”的模式，带动农户生产二龄老口鱼种。即公司提供产前冬花鱼种，农户负责养殖和管理，养成的二龄鱼种由公司按合同价收购后投放大库。由此带动库区 500 多户农民发展有机鲢、鳙鱼种养殖业，解决沿库农民的剩余劳动力出路，增加农民收入。同时，依托有机鱼的品牌优势，成立了生态农产品配送中心，配送销售以有机鱼为主要产品的生态农产品，采取订单的形式，收购农户的生态农产品再配送到 200 多个城市宾馆、饭店。既做大产业，又带动了库区 1000 多户农户发展生态农产品生产，解决了农户农产品出路，增加农民收入。

(3) 品牌打造与维护。以千岛湖为例，作为央企与地方国企深度合作的产物——杭州千岛湖发展集团有限公司，全权经营千岛湖 80 万亩养殖水面，全面借用“千岛湖”这个旅游品牌与地域品牌。在此基础上，杭州千岛湖发展集团有限公司从养殖、渠道、物流再到品牌维护构建了一个几乎完全封闭的运营体系，并借助较高的溢价与恰当的推广，成功打造了大宗淡水鱼品牌。2000 年 10 月，杭州千岛湖发展集团有限公司生产的“淳”牌鲢、鳙等 10 个品种的鱼类被认证为有机食品，成为全国第一个有机鱼品牌。在申请商标国内注册的基础上，还开展了淳牌商标国际注册，并先后获得有机食品认证和原产地标记认证，为品牌维护提供了法律依据。在注册与认证基础上，公司向有机产品认证机构申请了 3 种不同规格的有机码。在有机鱼销售时，根据客户的规格需求，给每尾鱼附上一个有机码，同时还制定了《淳牌千岛湖有机鱼防伪追溯标志管理规范》，对有机码的申领、发放、登记和管理做了规范，由专人负责，并做好发放、领用和回收记录。

(4) 模式输出，包括运作模式和净水渔业意识的输出。运作模式主要是利用已形成的有机鱼品牌优势、有机水产生产技术优势、良好的经营管理模式和市场网络优势等，对外输出和复制净水渔业产业化模式。采取合资、合作，以及订单等多种形式，扩大有机鱼生产基地和配送品种，发展我国有机水产产业，扩大和提高市场占有率，使品牌、规模产业的社会带动效益、品牌辐射延伸效益和超值创利效益都得到充分发挥。意识输出主要是结合增殖保护工作组织开展的各种宣传活动，扩大社会影响，使得全民自觉保护资源环境的意识得到加强。

任何生态系统的人工调控都存在一定的不确定性。每个水库的特点不同，没有完全相同的调控方法。人工调控下的生态系统演进方向也存在不确定性，可能会向良性方向发展，也可能会持平，极少数还会出现退化的现象。而且造成的恶性后果是缓慢发生的，存在潜在的生态风险。因此，在采取净水渔业措施的过程中，必须科学指导，对水库进行跟踪式的生态监测，在监测的基础上进行评估，借以确定方法的有效性，必要时需要适应新的情况及时修改调控方案。人工调控沿着“方案—监测—评估—调整方案”的流程进行。

第三章　净水渔业实施及效果评估

本章以广西壮族自治区水产科学研究院、广西洪旭农业科技有限公司、华南农业大学在北海洪潮江水库所做的研究为案例，说明净水渔业实施方法。

洪潮江水库位于广西南部，始建于1959年，1964年蓄水。库区地跨钦州市钦南区、灵山县和北海市合浦县，集雨面积400 km^2，水域面积60 km^2，总库容7.14×10^8 m^3，有效库容3×10^8 m^3，是一座集防洪、灌溉、旅游、水产养殖的多功能、综合型的大（Ⅱ）型水库，是北海市饮用水备用水源。在1999年被列为自治区级旅游度假区，2002年被水利部审定为国家级水利风景区。在2007年以前，由于放火炼山种植速生桉、非法采矿等行为，造成库区沿岸水土流失严重；库区投饵网箱养鱼造成水体富营养化而污染水体，库区周边畜禽养殖场和旅游业产生的污水污染物直排而污染水体，加速了水库水质的富营养化进程。

2011年，广西洪旭农业科技有限公司与北海市洪潮江水库工程管理局合作开展洪潮江水库绿色生态放养项目，对库区投饵养殖进行了清理，并规划出捕捞区，在禁捕区投放鲢、鳙进行生态养殖。通过限制捕捞、保持水体合理的鲢、鳙群落，依靠鲢、鳙的下行控制作用，滤食藻类和浮游动物来净化水质，降低水体富营养化程度，从而起到保水洁水的作用。2013～2014年，广西壮族自治区水产科学研究院派出的科技特派员张益峰高级工程师，带领几名技术人员，与广西洪旭农业科技有限公司联合开展广西科学研究与技术开发计划项目“洪潮江水库生态修复增养殖技术研究与示范”课题。对库区渔业生态环境进行了摸底调查，并在小范围内开展了分区投放不同密度和规格鲢、鳙的试验。2017年起，广西壮族自治区水产科学研究院、广西洪旭农业科技有限公司、华南农业大学共同承担广西壮族自治区科学技术厅下达的广西创新驱动发展专项资金项目“广西主导与特色水产品种生态养殖模式与技术创新”（合同编号：AA17204095）所属课题“水库净水渔业关键技术及模式创新示范”。

一、洪潮江水库净水渔业实施基本情况

（一）2017年前实施情况

2007年洪潮江水库网箱养殖造成水污染环保事件后，为落实北海市人民政府北政办发〔2007〕171号文件要求的“养鱼改水”长效机制，广西洪旭农业科技有限公司（以下简称公司）于2011年12月与北海市洪潮江水库工程管理局签订《绿色鱼种生态放养综合合作协议》，开展“净水渔业”合作项目。项目于2012年8月6日正式启动投苗仪式，当年投苗800多万尾，由于库区存在各种大量非法捕捞现象，投下库区的鱼苗除有130万用拦网围养在库汊外，其余大部分已被群众非法捕捞贱卖用作龟、鳖的饲料。合作方无法清理和杜绝库区已有的大量围坝养殖、罾网、大网鱼袋、灯光诱捕等行为，并把水体移交给公司进行净水放养。2013～2014年，广西水产科学研究院与广西洪旭农业科技有限公司联合开展了广西科学研究与技术开发计划项目“洪潮江水库生态修复增养殖技术研究与示范”课题。课题组经现场勘察，在洪潮江水库养殖区选择了15个养殖区。养殖区域用围网隔离，每个区域面积为100～600亩，总面积为5500亩。这些区域多分布于靠近养鸭场的库汊或曾设有网箱养殖的大面积水域，特点是水质氮、磷含量偏高，富营养化程度相对严重，水体比较浑浊。

2012年8月5日至2013年5月12日课题组共培育出平均体重350 g的鲢138万尾，平均体重300 g的鳙92万尾。这些大规格鱼种分别投放到4～13区。投放数量和时间，以及收获情况详见表3-1。采用流动性分区深网养殖技术，形成了三段式放养和轮养方式，主要技术要点包括在鱼种区将鱼种培育至300 g（第一段）；以不同比例轮流投放至12个围栏养殖区，12个围栏养殖区采用轮养技术，确保有3个养殖区作为饵料生物庇护所以确保食物链稳定和营养盐循环（第二段）；鱼生长至1 kg以上时，开放围栏养殖区，使鱼进入库区，生长到上市规格，即可作为休闲旅游业的产品和捕捞产品（第三段）。

表 3－1　洪潮江水库增养殖投放及收获情况

区号	投放时间	鲢数量（万尾）	鳙数量（万尾）	捕捞量（t）
4 区	2012.08.05	8	6	7.5
5 区	2012.09.07	7	12	10
6 区	2012.09.23	8	7	8
7 区	2012.10.22	12	6	9.5
8 区	2012.11.24	18	8	14
9 区	2012.12.22	21	14	19
10 区	2013.03.06	17	10	14.5
11 区	2013.04.11	10	8	9.5
12 区	2013.05.12	14	11	13.5

自 2015 年开始，公司在合浦境内用拦网围拦部分库汊进行生态放养，拦网养殖面积约 1 万亩。公司自实施净水渔业以来，共计投入资金人民币 1885 万元。实施净水渔业以来，水库水环境整体有较大改善，2009 年洪潮江水库水质为Ⅳ类，2013 年至 2015 年初，经广西沿海水环境监测中心例行抽检，常年大部分水质为Ⅱ类水质，年度为Ⅲ类水质。2015 年被广西壮族自治区环境保护厅、广西壮族自治区发展和改革委员会、广西壮族自治区财政厅列入全区水质较好的 20 个水库之一。但自 2015 年后由于水库大量围库养殖、养鸭、养鸡、养猪和上游网箱投料养殖，生产面积污染增大，水库水质下降为常年Ⅲ类。

（二）2017 年后实施情况

2017 年 9 月，广西壮族自治区科学技术厅以桂科字〔2017〕204 号文下达广西创新驱动发展专项项目《广西主导与特色水产品种生态养殖模式与技术创新》之课题“水库净水渔业模式创新与示范”，由广西壮族自治区水产科学研究院、华南农业大学和广西洪旭农业科技有限公司共同承担。课题总投资 735 万元人民币，其中重大专项财政补助资金 335 万元，实施期自 2017 年 9 月至 2020 年 12 月 31 日。本课题为广西首次开展大水面净水渔业技术研究课题，以探索广西水库水环境修复和渔业转型升级的生态模式为目的，在北海市洪潮江水库设置 3 个试验区。

（1）种苗培育试验区。分别在水库 9 个库汊近 1 万亩水域拦网投放小规格鱼苗进行生态培育，以确保课题所需的鲢、鳙等改水鱼种的供给。

（2）净水渔业生态养殖示范区。在课题实施地洪潮江水库大水面水体拦网面积1万多亩，投放以鲢、鳙为主的大规格滤食性改水鱼种，开展相关鱼类净水科研试验和科学研究，探索适合广西水库水环境修复的净水渔业关键技术与模式。

（3）净水渔业推广试验区。在鱼种培育试验区和净水渔业养殖技术试验区库区以外的水域及灵山县灵东水库设置为课题净水渔业推广试验区。同时，广西洪旭农业科技有限公司为响应北海市人民政府要求，调动库区周围群众参与水源地护水、改水、净水的积极性，与群众共享项目红利，缓解库区与群众矛盾，带领群众致富，于2018年开始把推广示范区的部分项目与库区周围的3个农民专业合作社进行合作实施。

2018年1月至2020年11月，洪潮江水库净水渔业技术示范区水域放养鲢、鳙共计98253 kg、192475尾，其中鲢26945 kg、32894尾、平均每尾0.82 kg，鳙71308 kg、159581尾、平均每尾0.45 kg，详见表3-2。

表3-2　洪潮江水库净水渔业养殖示范区放养鲢、鳙统计表

时间	鲢			鳙			合计	
	重量（kg）	数量（尾）	尾重（kg）	重量（kg）	数量（尾）	尾重（kg）	重量（kg）	数量（尾）
2018年	23980	27111	0.88	40922.5	64648	0.63	64902.5	91759
2019年	2663.5	3776	0.71	18545.5	47600	0.39	21209	51376
2020年	301.5	2007	0.15	11840	47333	0.25	12141.5	49340
合计	26945	32894	0.82	71308	159581	0.45	98253	192475

2018年1月至2020年11月，洪潮江水库净水渔业技术示范区水域捕捞鲢、鳙185615 kg、77583尾、价值187.2559万元，其中鲢76803 kg、38939尾、平均每尾1.97 kg，鳙108812 kg、38644尾、平均每尾2.81 kg，详见表3-3。

表3-3　洪潮江水库净水渔业养殖示范区生产鲢、鳙统计表

时间	重量（kg）			数量（尾）			总产值	单价
	鲢	鳙	合计	鲢	鳙	合计	（万元）	（元/kg）
2018年	34691	26610	61301	14420	11314	25734	51.9904	8.48
2019年	4203	9280	13483	1189	1876	3065	22.0313	16.34
2020年	37909	72922	110831	23330	25453	48783	113.2342	10.22
累计	76803	108812	185615	38939	38644	77583	187.2559	10.09

鱼类投放后，在放养区设立 4 张定置张网，对放养鱼种的生长情况跟踪监控，安排专人专职进行管理。在放养区内设立专门水面工作站，工作站指定专人负责放养区管理工作，并 24 小时驻站管理和看护。在水库排洪前、台风前后、大雨前后，对养殖区进行不定期检查，检查拦网是否破损，防止鱼苗逃跑。日常小规模捕捞主要视库区旅游业发展情况，随时供应鲜鱼。一般秋冬季集中捕捞，冬季鱼类停止摄食，春节来临前可大量上市，温度低易保鲜，并且有利于苗种放养，也可根据水库鱼类存量和市场价格变化决定捕捞时间。捕捞方式主要为定置张网，结合赶、拦、刺、张等多种渔法。广西洪旭农业科技有限公司已向国家市场监管总局商标局申请“星岛湖”活鱼和鱼品加工注册商标共 4 个。

二、库区局部增殖实施效果评估

在 2013 年 11 月 10 日和 2014 年 5 月 12 日，分别对洪潮江水库的局部区域进行了水质调查和水生态调查，共设置 5 个采样点，分别为坝首（1 号采样点）、湖心（2 号采样点）、两江汇合处（3 号采样点）、鱼种基地（4 号采样点）、未开发库汊（5 号采样点）。其中，1 号、2 号、3 号采样点分别位于坝首、湖心和两江汇合处，基本代表了库区整体状况，4 号和 5 号采样点分别代表了已开展生态养殖的库汊和未开展生态养殖的库汊，通过 2 次调查水质、浮游植物和浮游动物的变化情况，初步评估了鲢、鳙的保水作用。

（一）水质对比

2013 年 11 月 10 日，洪潮江水库透明度低，表层溶解氧丰富，5～8 m 水深溶解氧含量有所下降，但仍普遍高于 7 mg/L，5 号采样点表层溶解氧明显高于其他采样点，但 5 m 以下溶解氧含量低于其他采样点，其透明度亦低于其他采样点。2014 年 5 月 12 日采样结果与 2013 年 11 月 10 日采样结果相比，透明度明显升高，溶解氧含量有所下降，1 号采样点表层溶解氧低于 2 m 水深和 5 m 水深处，3 号采样点溶解氧最高值出现在 5 m 水深处。5 号采样点表层和 2 m 水深溶解氧明显高于其他采样点，5 m 水深溶解氧与其他采样点差别不大。按《渔业水质标准》（GB/T 11607—1989）规定的Ⅲ类水域总氮标准（1.0 mg/L）和总磷标准（0.05 mg/L）评价结果为 11 月洪潮江水库各采样点总氮和总磷含量均符合标准，5 月各采样点总氮含量均符合标准，但总磷含量均超标。

对水库进行富营养化评价，结果表明，2013 年 11 月洪潮江水库各采样点均处于中富营养化状态，特点是总磷含量极低，但是透明度较低。2014 年 5 月，坝首、湖心、两江汇合处、鱼种基地采样点均处于中富营养化向富营养化转变状态，未开发库汊采样点已达到富营养化临界点。

由调查结果可见（表 3-4），枯水期（2014 年 5 月）与丰水期（2013 年 11 月）相比，pH 值更高，总磷含量提高明显，平均提高 0.126 mg/L，未开发库汊采样点提高幅度最大；总氮含量上升幅度不大，氨氮含量各采样点变化情况不同，总体基本不变，坝首和湖心采样点氨氮含量升高，其余 3 个采样点氨氮含量下降；高锰酸盐指数总体呈下降趋势，但湖心采样点和两江汇合处采样点略有提高；叶绿素 a 含量变化幅度不大，透明度各采样点均有所提升；表层溶解氧和底层溶解氧均有所下降。

表 3-4 洪潮江水库 2 次调查水质对比（2014 年 5 月和 2013 年 11 月监测值）

	坝首	湖心	两江汇合处	鱼种基地	未开发库汊	平均
pH 值	+0.11	+0.17	+0.16	+0.12	+0.21	+0.16
总磷（mg/L）	+0.101	+0.109	+0.105	+0.113	+0.201	+0.126
总氮（mg/L）	+0.13	+0.16	+0.01	+0.09	+0.27	+0.13
氨氮（mg/L）	+0.051	+0.053	−0.028	−0.061	−0.031	−0.003
高锰酸盐指数（mg/L）	−0.44	+0.25	+0.12	−0.44	−0.22	−0.14
叶绿素 a（μg/L）	−1.3	−2	−0.8	−1.0	−2.3	−1.5
透明度（m）	+0.6	+0.6	+0.5	+0.3	+0.4	+0.48
表层溶解氧（mg/L）	−2.26	−1.01	−1.6	−1.05	−0.66	−1.316
底层溶解氧（mg/L）	0.09	−0.43	−0.85	−2.46	0.35	−0.66

（二）浮游植物对比

2013 年 11 月 7 日调查结果显示，评价区浮游植物有 6 门 51 属，其中蓝藻门 8 属，占 15.69%；绿藻门 25 属，占 49.02%；硅藻门 10 属，占 19.61%；裸藻门 3 属，占 5.88%；甲藻门 3 属，占 5.88%；金藻门 2 属，占 3.92%。坝首采样点有 6 门 39 属，湖心采样点有 6 门 40 属，两江汇合处采样点有 6 门 33 属，鱼种基地采样点有 6 门 37 属，未开发库汊采样点有 6 门 38 属。

2014 年 5 月 12 日调查结果显示，评价区浮游植物有 6 门 36 属，其中蓝藻门 7

属，占19.44%；绿藻门15属，占41.67%；硅藻门8属，占22.22%；裸藻门2属，占5.56%；甲藻门3属，占8.33%；金藻门1属，占2.78%。坝首采样点有6门39属，湖心采样点有6门40属，两江汇合处采样点有6门33属，鱼种基地采样点有6门37属，未开发库汊采样点有6门38属。从调查结果可见，评价区水域宽阔，水深流缓，适应静水环境的小型浮游植物种类多，各个采样点浮游植物的种类基本相似。绿藻、硅藻、蓝藻种类较多，蓝藻的微囊藻、颤藻，绿藻的衣藻、小球藻、栅藻、角星鼓藻、鼓藻，硅藻的小环藻、四棘藻、直链藻，裸藻的囊裸藻、甲藻的隐藻出现频率较高。对比2次调查结果，2014年5月的浮游植物种类数量明显低于2013年11月调查结果。

2013年11月，评价区的浮游植物平均密度为156.71×10⁴ ind/L，各个门类占密度的比例：蓝藻门5.12%、绿藻门35.20%、硅藻门54.37%、裸藻2.21%、甲藻门2.60%、金藻门0.50%。各门类数量差异很大，硅藻占绝对优势，其次为绿藻、蓝藻、裸藻、甲藻、金藻。坝首浮游植物密度最高，达到268.32×10⁴ ind/L；其次为未开发库汊和鱼种基地，分别为163.64×10⁴ ind/L和161.71×10⁴ ind/L；湖心和两江汇合处采样点浮游植物密度最低，分别为101.90×10⁴ ind/L和87.98×10⁴ ind/L。评价区浮游植物的优势种群依次为硅藻、绿藻和蓝藻，优势种类是小环藻、直链藻、栅藻、小球藻和平列藻。评价区的浮游植物平均生物量为1.91 mg/L，各个门类占生物量的比例为：蓝藻门2.93%、绿藻门9.43%、硅藻门70.64%、裸藻门5.37%、甲藻门10.82%、金藻门0.82%。各门类之间生物量差别很大。硅藻占绝对优势，其次为甲藻和绿藻。各采样点生物量依次为鱼种基地>未开发库汊>坝首>湖心>两江汇合处。

2014年5月调查结果显示，评价区的浮游植物平均密度为112.68×10⁴ ind/L。各门类数量差异很大，硅藻、绿藻和蓝藻占优势，分别占总数量的46.7%、28.8%和19.1%；裸藻、甲藻、金藻少，分别占总数量的3.0%、1.6%、0.8%。未开发库汊采样点和鱼种基地采样点浮游植物密度高，分别达到143.85×10⁴ ind/L和138.06×10⁴ ind/L；其次为坝首采样点，达到118.81×10⁴ ind/L；湖心采样点和两江汇合处采样点浮游植物密度较低，分别为84.49×10⁴ ind/L和78.19×10⁴ ind/L。评价区浮游植物的优势种群为硅藻、绿藻和蓝藻，优势种类是小环藻、微囊藻、小球藻和衣藻。评价区的浮游植物平均生物量为1.03 mg/L，各个门类占生物量的比例：蓝藻门5.59%、绿藻门17.29%、硅藻门64.41%、裸藻门7.59%、甲藻门3.42%、金藻门1.68%。各采样点浮游植物生物量差异不大，但各门类之间差别很大。硅藻、绿藻占优势，甲藻和金藻生物量很少。各采样点网浮游植物生物量从高到低依次为鱼种基地＞未开发库汊＞坝首＞湖心＞两江汇合处。

用《水库渔业营养类型划分标准》（SL 218—98）的浮游植物生物量指标评估洪潮江水库渔业营养类型。2013 年 11 月，洪潮江水库 5 个采样点均为中营养型。2014 年 5 月，坝首、湖心、两江汇合处 3 个采样点均为贫营养型。鱼种基地和未开发库汊 2 个采样点均为中营养型。

2013 年 11 月洪潮江水库调查共鉴定出 6 门 51 属，2014 年 5 月调查共鉴定出 6 门 36 属，比 11 月减少 15 属，浮游植物种类丰富度随季节变化而不同。对比情况见表 3-5。

表 3-5　2 次调查浮游植物种类数量比较

类别	坝首		湖心		两江汇合处		鱼种基地		未开发库汊	
	2013 年 11 月	2014 年 5 月	2013 年 11 月	2014 年 5 月	2013 年 11 月	2014 年 5 月	2013 年 11 月	2014 年 5 月	2013 年 11 月	2014 年 5 月
蓝藻门	7	6	6	6	6	5	6	5	6	6
绿藻门	17	15	19	13	12	12	15	13	16	14
硅藻门	10	8	8	7	8	7	9	8	8	7
裸藻门	2	2	2	2	2	2	2	2	3	2
甲藻门	2	2	3	3	3	1	3	2	3	3
金藻门	1	1	2	1	2	1	2	1	2	1
合计	39	34	40	32	33	28	37	31	38	33

2 次调查，浮游植物密度平均值 2013 年 11 月为 156.71×10^4 ind/L，2014 年 5 月为 112.68×10^4 ind/L，2013 年 11 月为 2014 年 5 月的 1.39 倍。2014 年 5 月与 2013 年 11 月比较，蓝藻由 5.12%上升至 19.10%，绿藻由 35.20%下降至 28.81%，硅藻由 54.37%下降至 46.70%。各采样点变化规律相似，其中坝首采样点蓝藻数量增加最多，其他各门藻类数量均下降，绿藻和硅藻数量下降最多。其他 4 个采样点绿藻变化不大，硅藻数量下降最多。详见表 3-6。

表 3-6　2 次调查浮游植物密度比较（2014 年 5 月和 2013 年 11 月）

单位：×10^4 ind/L

类别	坝首	湖心	两江汇合处	鱼种基地	未开发库汊	平均值
蓝藻	+33.78	+14.68	+4.43	+6.65	+7.98	+13.5
绿藻	−111.03	−2.17	−0.15	−0.20	−0.26	−22.76

续表

类别	坝首	湖心	两江汇合处	鱼种基地	未开发库汊	平均值
硅藻	−66.32	−30.25	−13.24	−27.80	−25.14	−32.55
裸藻	−2.32	+0.15	+0.37	+0.65	+0.76	−0.08
甲藻	−2.72	+0.64	−1.62	−3.55	−3.87	−2.23
金藻	−0.90	−0.47	+0.42	+0.59	+0.75	+0.08
合计	−149.51	−17.41	−9.79	−23.65	−19.79	−44.03

2次调查结果显示，浮游植物生物量平均值2013年11月为1.91 mg/L，2014年5月为1.03 mg/L，2013年11月为2014年5月的1.85倍。前者与后者相比，蓝藻由2.93%上升至5.59%，绿藻由9.43%上升至17.29%，硅藻由70.64%下降至64.41%。硅藻优势程度下降，蓝藻和绿藻优势程度提升。除坝首采样点外，各采样点蓝藻生物量上升；除湖心采样点外，各采样点甲藻和绿藻生物量下降；全部采样点硅藻生物量均呈下降趋势，且下降比例较大。详见表3-7。

表3-7　2次调查浮游植物生物量比较（2014年5月和2013年11月）

单位：$\times 10^4$ ind/L

类别	坝首	湖心	两江汇合处	鱼种基地	未开发库汊	平均值
蓝藻门	−0.08	+0.02	+0.02	+0.02	+0.03	0
绿藻门	−0.12	+0.07	+0.01	+0.01	+0.01	0
硅藻门	−0.94	−0.59	−0.39	−0.80	−0.73	−0.69
裸藻门	−0.11	−0.01	0	0	0	−0.02
甲藻门	−0.14	0.03	−0.13	−0.29	−0.32	−0.17
金藻门	−0.02	−0.01	+0.01	+0.01	+0.01	0
合计	−1.41	−0.48	−0.49	−1.05	−0.99	−0.88

据《水库渔业营养类型划分标准》（SL 218—98）的浮游植物生物量指标评估，洪潮江水库5个采样点，坝首、湖心、两江汇合处3个采样点在2013年11月均为中营养型，2014年5月均为贫营养型。鱼种基地和未开发库汊2个采样点2次调查均为中营养型。

（三）浮游动物对比

2013年11月，洪潮江水库5个采样点共检出浮游动物4类18科33属46

种，其中原生动物 5 科 9 属 13 种，轮虫类 6 科 11 属 17 种，枝角类 4 科 5 属 8 种，桡足类 3 科 8 属 8 种。库区内浮游动物种类较多，长肢秀体溞、长额象鼻溞、颈沟基合溞、锥肢蒙镖水蚤和锯缘真剑水蚤是优势种群，桡足幼体、六肢幼体的数量也非常多。其中，坝首采样点共检出浮游动物 32 种，湖心采样点共检出浮游动物 33 种，两江汇合处采样点共检出浮游动物 31 种，鱼种基地采样点共检出浮游动物 28 种，未开发库汊采样点共检出浮游动物 37 种。

2014 年 5 月，洪潮江水库 5 个采样点共检出浮游动物 4 类 18 科 33 属 45 种，其中原生动物 5 科 9 属 16 种，轮虫类 6 科 11 属 13 种，枝角类 4 科 5 属 8 种。库区浮游动物种类较多，长额象鼻溞、颈沟基合溞、锥肢蒙镖水蚤和锯缘真剑水蚤是优势种群。其中，坝首采样点共检出浮游动物 34 种，湖心采样点共检出浮游动物 30 种，两江汇合处采样点共检出浮游动物 27 种，鱼种基地采样点共检出浮游动物 32 种，未开发库汊采样点共检出浮游动物 34 种。

2013 年 11 月，洪潮江水库 5 个采样点的浮游动物密度与生物量均相差不大，平均密度为 1113 ind/L，平均生物量 2.498 mg/L。坝首采样点上游浮游动物密度 1207 ind/L，生物量 2.286 mg/L；湖心采样点浮游动物密度为 1171 ind/L，生物量 2.329 mg/L；两江汇合处采样点浮游动物密度为 1028 ind/L，生物量 2.303 mg/L；鱼种基地采样点浮游动物密度为 1007 ind/L，生物量 2.477 mg/L；未开发库汊采样点浮游动物密度为 1151 ind/L，生物量 2.498 mg/L。浮游动物密度由高到低依次为坝首＞湖心＞未开发库汊＞两江汇合处＞鱼种基地。生物量由高到低依次为未开发库汊＞鱼种基地＞湖心＞两江汇合处＞坝首。

2014 年 5 月，洪潮江水库 5 个采样点的浮游动物平均密度为 652 ind/L，平均生物量 1.730 mg/L。坝首采样点、湖心采样点和未开发库汊采样点密度明显高于两江汇合处采样点和鱼种基地采样点，生物量坝首采样点最高，其次为湖心采样点和两江汇合处采样点。坝首采样点浮游动物密度 859 ind/L ，生物量 2.975 mg/L；湖心采样点浮游动物密度为 703 ind/L，生物量 2.122 mg/L；两江汇合处采样点浮游动物密度为 429 ind/L，生物量 1.344 mg/L；鱼种基地采样点浮游动物密度为 484 ind/L，生物量 0.930 mg/L；未开发库汊采样点浮游动物密度为 783 ind/L，生物量 1.277 mg/L。

对比 2 次调查结果，从整体上看，水库浮游动物种类减少 1 种，其中原生动物种类增加 3 种，轮虫种类减少 4 种，枝角类和桡足类种类数量不变。各采样点变化规律与整体变化规律相似，详见表 3－8。

表 3-8 洪潮江水库 2 次调查浮游动物种类对比（2014 年 5 月和 2013 年 11 月）

类别	坝首	湖心	两江汇合处	鱼种基地	未开发库汊	整体
原生动物	+4	+1	+1	+1	+1	+3
轮虫类	−2	−4	−6	0	−4	−4
枝角类	0	0	0	+1	0	0
桡足类	0	0	+1	+2	0	0
合计	2	−3	−4	4	−3	−1

2014 年 5 月，浮游动物数量与 2013 年 11 月相比明显下降（表 3-9）。除坝首采样点枝角类数量略有上升外，其余采样点各类浮游动物数量均明显下降，其中原生动物和轮虫类下降幅度最大。各采样点下降幅度最大的是两江汇合处采样点和鱼种基地采样点，其次为湖心采样点，未开发库汊采样点和坝首采样点下降幅度最小。

表 3-9 洪潮江水库 2 次调查浮游动物数量对比（2014 年 5 月和 2013 年 11 月）

单位：$\times 10^4$ ind/L

类别	坝首	湖心	两江汇合处	鱼种基地	未开发库汊	平均
原生动物	−117	−186	−318	−252	−108	−196
轮虫类	−171	−224	−180	−160	−191	−185
枝角类	+3	−18	−31	−30	−14	−18
桡足类	−62	−40	−71	−82	−55	−62
合计	−348	−468	−599	−523	−368	−461

2014 年 5 月，浮游动物生物量与 2013 年 11 月相比明显下降（表 3-10）。原生动物、轮虫类、枝角类生物量下降，桡足类生物量略有上升。生物量变化与数量变化规律不一致的原因，是由于优势种类发生变化，表现出浮游动物的大型化趋势。其中坝首采样点表现最为明显，其总生物量有所增加。湖心采样点的桡足类生物量有所增加。浮游动物生物量下降幅度最大的采样点是鱼种基地采样点，其次是未开发库汊采样点和两江汇合处采样点。

表 3-10 洪潮江水库 2 次调查浮游动物生物量对比（2014 年 5 月和 2013 年 11 月）

单位：$\times 10^4$ ind/L

类别	坝首	湖心	两江汇合处	鱼种基地	未开发库汊	平均
原生动物	−0.01	−0.016	−0.016	−0.018	−0.023	−0.016

续表

类别	坝首	湖心	两江汇合处	鱼种基地	未开发库汊	平均
轮虫类	−0.075	−0.043	−0.016	−0.08	−0.116	−0.065
枝角类	+0.454	−0.419	−0.767	−1.15	−0.966	−0.570
桡足类	+0.319	+0.271	−0.162	−0.3	−0.116	+0.003
合计	+0.689	−0.207	−0.959	−1.547	−1.221	−0.649

2013 年 11 月，洪潮江水库 5 个采样点均为中营养型。到 2014 年 5 月，洪潮江水库 5 个采样点中，坝首采样点接近富营养型，鱼种基地采样点接近贫营养型，其余 3 个采样点仍为中营养型。

（四）整体评估

从监测结果对比情况来看，鲢、鳙生态养殖对库区水质的保持发挥了重要作用。通常，随着库区水体中氮、磷浓度，浮游植物的生物量和叶绿素 a 浓度增加，水体透明度明显下降。洪潮江水库氮磷比接近 10∶1。磷是洪潮江水库浮游植物生长的首要限制因子，在磷浓度上升的情况下，浮游植物密度和生物量迅速提高。但在此次监测中，尽管丰水期和枯水期磷浓度差别较大，但叶绿素 a 浓度、浮游植物密度和生物量均无明显差别。王晓辉等在 2007～2008 年的监测结果表明，在枯水期库区易发生水华。但自 2012 年广西洪旭农业科技有限公司投放鲢、鳙开展生态养殖以来，库区在枯水期基本无水华发生，表明鲢、鳙对浮游生物的摄食，能较好地抑制藻类的繁殖。5 月水温较高，氮、磷营养盐浓度也高，但浮游植物密度和生物量均有所下降，而水体透明度有所上升，推测其原因，是鲢、鳙处于快速生长季节，大量摄食浮游生物，从而维持了生态系统的稳定。

调查结果表明，洪潮江水库目前处于中营养化状态，库区投饵养殖和养鸭被取缔，库区在丰水期能够保持较好的水质，但在枯水期，仍会因水土流失和工农业污染，造成累积性富营养化。库区生态养殖能够抑制浮游生物的生长，在库区磷含量增加的情况下，浮游植物仍保持一定的密度，防止了水华的产生。

三、净水渔业实施期内效果评估

项目组于 2018 年 4 月至 2020 年 1 月间，每年对洪潮江水库进行 4 航次的调查，合计2年度8个航次，调查范围包括水库上游、中游、下游，以及库汊鱼种培育区、库汊净水养殖推广区、净水渔业示范区等共9个采样点，完成了水质理化因子、浮游植物、浮游动物、附着藻类、底栖动物和鱼类资源样本和资料的收集。详见表3－11。

表3－11　水库各采样点GPS定位及采样点代表性特征

采样点	经纬度	地理位置及特征
1号	N 21°56′21″，E 109°09′08″	水库上游，属灵山县辖区，采样断面水面宽150 m
2号	N 21°52′50″，E 109°08′24″	水库中上游，属灵山县辖区，采样断面水面宽300 m
3号	N 21°54′55″，E 109°03′39″	水库上游，属钦南区那思镇辖区，采样断面水面宽200 m
4号	N 21°52′26″，E 109°34′07″	水库中游，属钦南区辖区，采样断面水面宽1000 m
5号	N 21°50′03″，E 109°09′54″	水库中下游，属合浦县辖区，采样断面水面宽300 m
6号	N 21°51′11″，E 109°06′46″	水库中游，属合浦县辖区，采样断面水面宽500 m
7号	N 21°49′02″，E 109°08′57″	水库中游，来自上游灵山县、钦南区两水域汇合后形成的宽阔水面的上游，水面宽1000 m
8号	N 21°49′02″，E 109°08′48″	水库中下游，来自上游灵山县、钦南区两水域汇合后形成的宽阔水面的中部，水面宽2000 m
9号	N 21°47′45″，E 109°09′02″	水库下游，距西排洪道约300 m，水面宽100 m。西干渠、洪潮江水库水电站进水口，是水库主要放水口，全年放水

（一）水质监测情况

1. 常规理化因子总体空间变化特征

2018年4月至2020年1月，对上述9个采样点分别进行8个航次的采样，所得结果取平均值。结果显示，透明度变化范围为 49.38～115.75 cm，最高为 5 号采样点，最低为 3 号采样点，总体呈现上升的趋势，说明中下游水体更为清澈；浊度变化范围为 7.24～23.07，以 3 号采样点为最高，其次是 1 号采样点，5 号、7 号、8 号采样点浊度均较低，其变化趋势与透明度的变化趋势恰好相反，进一步表明下游的水体较上游洁净；pH 变化范围为 7.11～7.81，表现为水库上、下游较低，水库中部较高，其中以 3 号采样点为最高，1 号采样点为最低（图 3-1）。总体上看，3 号采样点具有较高的 pH 值与浊度、较低的透明度，说明 3 号采样点污染程度最高，可能是由于该采样点位于水库上游，易受到周边居民活动的影响，如生活污水、养殖废水的直接排放等；其次，上游区域通常水位较低，而滤食性鱼类主要分布于大水面，较少分布于上游浅水区，因此，上游区域对外界污染的稀释和分解能力差，见图 3-1。

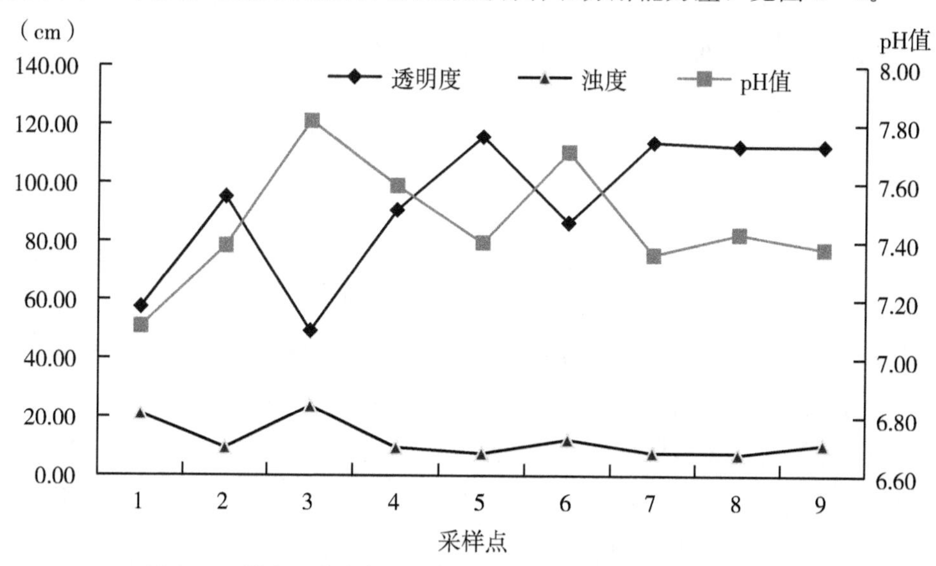

图 3-1　洪潮江水库各采样点透明度、浊度、pH 值的空间分布

水库各个时期透明度极值见图 3-2。调查时期透明度极小值为 30 cm，出现在 2018 年 6 月和 2019 年 7 月；最大值为 170 cm。同一时期透明度变化范围为 37～130 cm，2018 年 1 月透明度变化最小，2020 年 1 月透明度变化最大。各采样点透明度呈现出较为规律的变化，夏季透明度较低，冬季透明度较高，随时间变化呈波动循环。透明度由上游至下游逐渐升高，尤其在夏季，下游透明度更是明显高于上游，下游透明度常年保持在较高的水平。与往年同期相比，随着净水渔业项目的开展，透明度有了一定的提高。浊度与透明度的表现趋势刚好相反，表现为夏季浊度高于冬季，上游浊度高于下游。整体上看，3 号采样点的浊度高于其他采样点，这与3号采样点水位低有密切关系，且水库上游经常有外来水源汇入。与2018年同期相比，2019年浊度有少许下降。

洪潮江水库各采样断面pH值范围为6.41～9.17，主要呈弱碱性，总体变化体现在2018年的调查中，各采样点差异较大，并且随着时间变化，趋势具有较大的偏移，2019年的调查发现各采样点pH值表现出高度的一致性，且差异并不大。这可能与2018年洪潮江水库还存在较多的投饵网箱、养鸭场相关，饲料的投喂往往会给水质造成较大的影响。2019年后水库网箱及养鸭场的移除，使得水质受人为因素的影响大大减少。

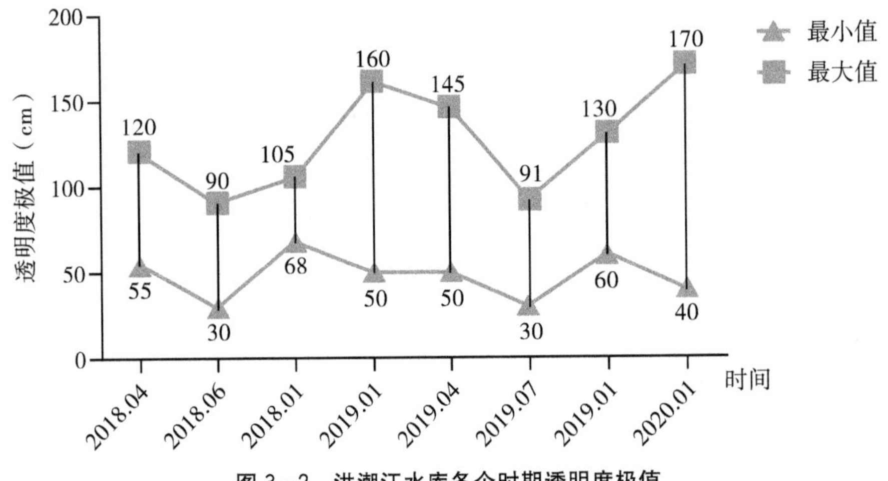

图3-2　洪潮江水库各个时期透明度极值

2. 富营养盐指数变化特征分析

(1) 总氮时空分布特征。洪潮江水库总氮的时间分布特征如图3-3所示，总氮变化范围为0.12～2.12。从时间分布上看，2019年1月与2020年1月的总氮含量明显高于其他采样时期，说明冬季具有更高的总氮水平，而2018年4月和2019年4月的总氮含量较低，总体表现为枯水期>丰水期的总氮特征；从空间分布上看，总氮水平在水库的上游，稍高于水库的中下游。

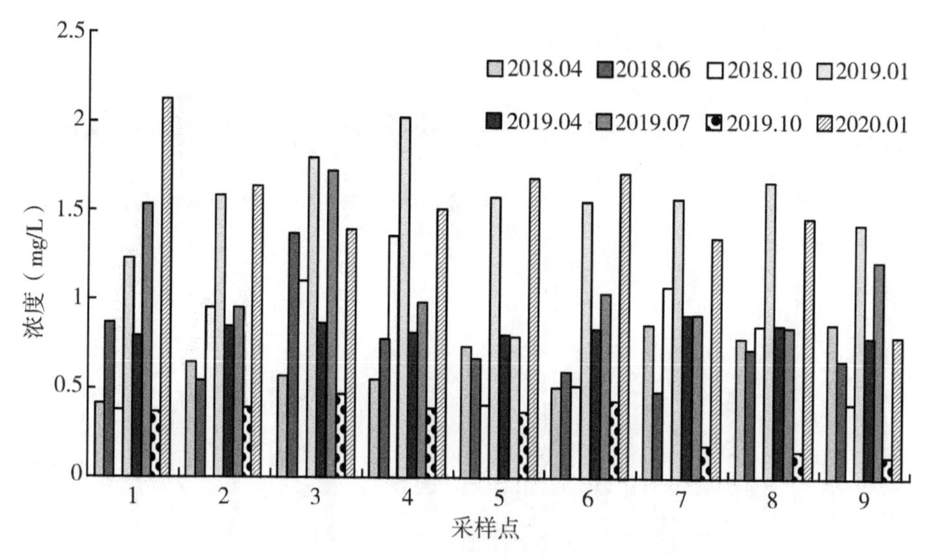

图 3－3　洪潮江水库总氮的时空分布特征

（2）无机氮时空分布特征。如图 3－4 所示，洪潮江水库氨氮的时间分布特征与总氮的分布规律相似，均以枯水期 2019 年 1 月与 2020 年 1 月含量最高，且 2020 年 1 月各采样点氨氮含量较 2019 年 1 月较低。在丰水期，水库最上游氨氮含量较高，水库下游较低。

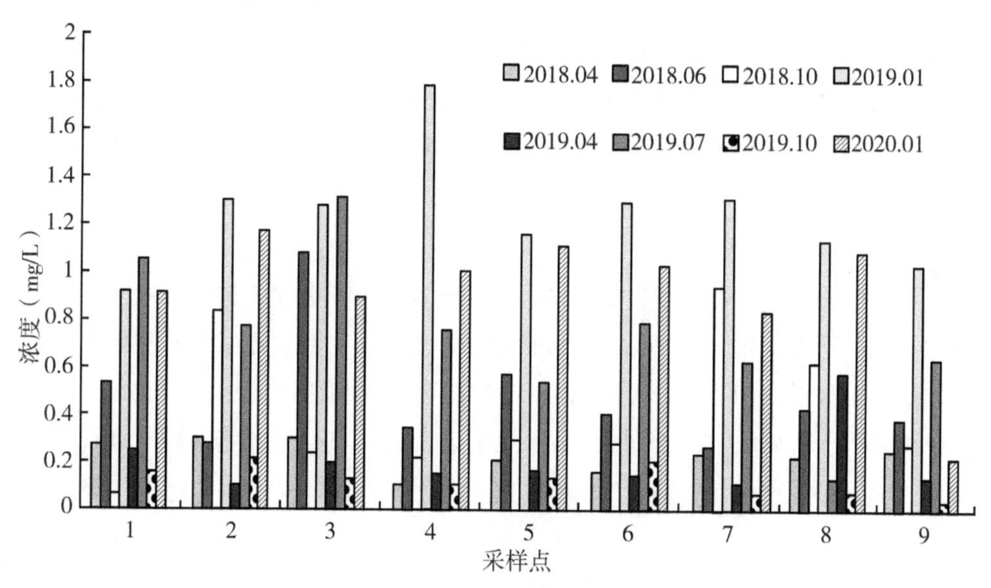

图 3－4　洪潮江水库氨氮的时空分布特征

（3）总磷的时空分布特征。如图 3－5 所示，在时间尺度上，硝酸盐氮含量呈波动上升的趋势，无论是 2018 年或者 2019 年，4 月采样结果均表明此时大部分采样点硝酸盐氮的含量维持在一个较高的水平，2018 年 10 月除了 3 号、4 号采样点硝酸盐氮的含量较高外，其余采样点含量均维持在较低的浓度水平。

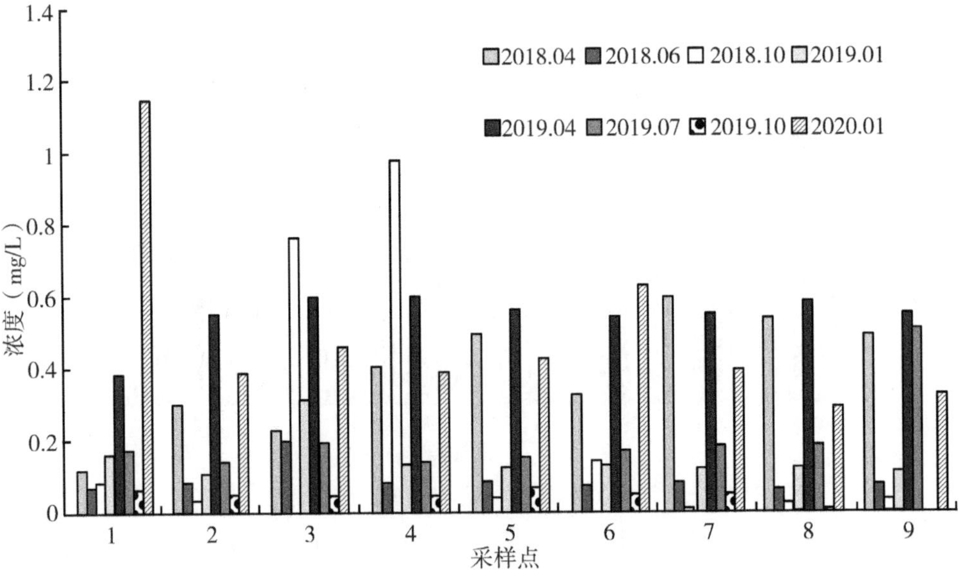

图 3－5　洪潮江水库硝酸盐氮的时空分布特征

（4）营养盐指标总体空间分布特征。总磷、总氮、氨氮、高锰酸盐指数最大值均出现在 3 号采样点。各采样点总磷浓度为 0.0111～0.0296 mg/L，总氮在 0.7828～1.1581 mg/L 范围内，总磷最低值出现在 8 号采样点，为 0.0111 mg/L，总氮最低值出现于 9 号采样点，为 0.7828 mg/L；氨氮的变动范围为 0.3725～0.6794 mg/L，最小值出现于 9 号采样点，中游各采样点差别不大；高锰酸盐指数范围在 3.3138～4.6750 mg/L，最小值出现于下游 8 号采样点。

3. 水质类别评价

参照《地表水环境质量标准》（GB 3838—2002）中各个指标的标准来划分对各站水质类别进行划分，评价指标包括总磷、总氮、氨氮、高锰酸盐指数。各时期水质类别如图 3－6 所示。结果显示，各参数同期相比而言均有所改善。其中水体中总氮、氨氮状况丰水期优于枯水期；而总磷、高锰酸盐指数枯水期优于丰水期，尤其是高锰酸盐指数在 2020 年 1 月的监测中，各采样点均达到Ⅰ类水质标准。

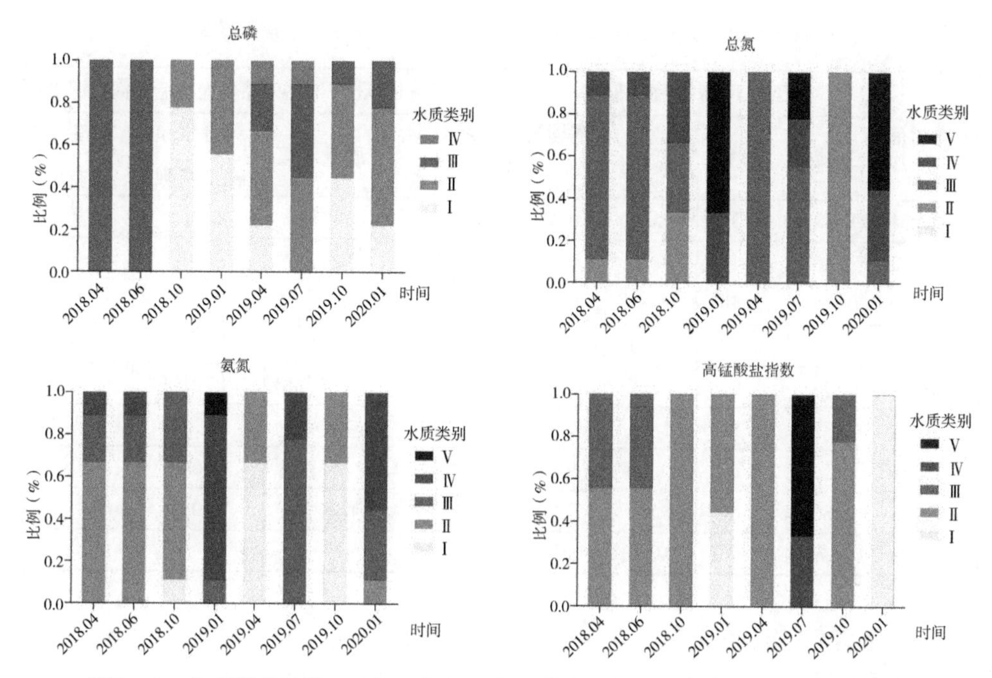

图 3-6　各采样点总磷、总氮、氨氮、高锰酸盐指数对应的水质类别的时空组成

采用单因子评价法、综合污染指数评价法和水质标识指数评价法分别对洪潮江水库的不同时期的水质类别进行评价。其中单因子评价法、综合污染指数评价法参照《地表水环境质量标准》（GB 3838—2002）Ⅱ类水质标准，评价结果见表 3-12。

单因子污染指数评价结果显示，不同时期总磷、总氮、氨氮、高锰酸盐指数变化范围分别为 0.24～1.60、0.64～3.20、0.25～2.51、0.18～2.86，其中总氮的超标数最多，占总数的 87.5%，高锰酸盐指数超标数最少，占总数的 12.5%。

综合污染指数评价结果显示，综合污染指数为 0.57～2.01，不同时期的污染程度不尽相同，各有 37.5%分别属于污染水质级别和基本合格级别，12.5%分别属于合格和重污染程度，其中以 2019 年 7 月污染最严重，2019 年 10 月污染程度最轻。总体上看，秋季的水质最洁净，夏季的水质最差。

综合水质标识指数评价结果显示，洪潮江水库 2018 年的总体水质优于 2019 年，其中 2019 年 7 月综合水质最差，属于Ⅳ类水质，其次是 2019 年 1 月，属于Ⅲ类水质，其余时期均属于Ⅱ类水质。

表 3－12　洪潮江水库各时期单因子指数及综合污染指数结果

采样时间	单因子污染指数评价法				综合污染指数评价法		综合水质标识指数评价法	
	总磷	总氮	氨氮	高锰酸盐指数	综合污染指数	质量程度	综合水质标识指数	综合水质类别
2018.04	1.60	1.31	0.46	0.71	1.02	污染	2.610	Ⅱ
2018.06	1.60	1.48	0.95	0.98	1.25	污染	2.920	Ⅱ
2018.10	0.24	1.56	0.84	0.85	0.87	基本合格	2.410	Ⅱ
2019.01	0.32	3.20	2.51	0.57	1.65	污染	3.221	Ⅲ
2019.04	0.95	1.66	0.28	0.68	0.89	基本合格	2.210	Ⅱ
2019.07	1.38	2.22	1.57	2.86	2.01	重污染	4.142	Ⅳ
2019.10	0.49	0.64	0.25	0.90	0.57	合格	2.000	Ⅱ
2020.01	0.80	3.04	1.84	0.18	1.46	基本合格	3.021	Ⅱ
超标率	0.375	0.875	0.375	0.125	—	—	—	0.25

4. 富营养化评价结果

洪潮江水库富营养化评价结果如表 3－13 所示。洪潮江水库的水质未达到富营养化状态，整体营养盐水平中等偏高，属于中级营养状态（$20<Ei\leqslant 50$）。其中，2019 年 7 月的 1 号和 3 号采样点的综合营养状态指数分别为 51.53、53.92（$50<Ei\leqslant 55$），达到了轻度富营养化水平，其余采样点的营养水平均属于中级营养状态（$20<Ei\leqslant 50$）。总体上看，营养水平从 1 号至 9 号采样点逐渐下降，说明上游营养水平高于下游营养水平，这与上游水位较浅，地表径流更容易改变上游水质有关。从不同时期来看，水库的营养程度整体上逐年降低，营养状态指数由 2018 年 4 月的 39.09 降低至 2020 年 1 月的 34.63，其中以 2019 年 7 月营养水平最高。

表 3－13　洪潮江水库不同时期各采样点的综合营养状态指数 Ei

采样时间	采样点									总体
	1 号	2 号	3 号	4 号	5 号	6 号	7 号	8 号	9 号	
2018.04	38.79	36.53	41.73	39.85	39.54	40.45	38.55	36.95	39.43	39.09
2018.06	45.92	40.04	48.60	30.52	40.57	41.83	39.53	40.20	39.03	40.69
2018.10	31.31	35.42	39.13	38.61	32.18	34.09	36.11	34.74	31.74	34.82
2019.04	41.16	38.70	42.88	40.03	34.62	38.64	35.38	36.30	34.37	38.01
2019.07	51.53	45.84	53.92	45.61	42.93	45.26	45.88	43.60	46.11	46.74
2019.10	37.26	35.35	38.17	36.75	34.54	34.99	32.39	32.11	31.79	34.82
2020.01	37.26	35.25	37.98	34.26	35.03	36.50	32.67	31.16	31.60	34.63
总体	40.46	38.16	43.20	37.95	37.06	38.82	37.22	36.44	36.30	—

5. 洪潮江水库重金属污染状况

项目组于 2018 年 4 月与 2020 年 1 月分别在洪潮江水库上游（1 号采样点）与下游（9 号采样点）进行水质重金属含量监测，结果如表 3－14 所示。参照《地表水环境质量标准》（GB 3838—2002）中关于地表水环境质量标准基本项目标准限值所划分的水质分类，上下游重金属含量均低于地表水Ⅰ类水质的限值，表明库区受工业化影响很小，周围无明显的重金属污染排放源。在净水渔业项目实施的过程中，除了金属锌（Zn）的含量在采样点 9 有所上升外，其他重金属 2020 年在水体中的浓度均低于 2018 年。

表 3－14　洪潮江水库部分采样点水质重金属含量

单位：mg/L

重金属	2018 年		2020 年		地表Ⅰ类水限值
	1 号采样点	9 号采样点	1 号采样点	9 号采样点	
铜（Cu）（mg/L）	0.00085	0.00048	0.0009	<0.00009	0.01
锌（Zn）（mg/L）	0.0022	0.0028	0.00233	0.00557	0.05
砷（As）（mg/L）	0.0009	0.00049	0.00091	0.00048	0.05
汞（Hg）（mg/L）	<0.00007	<0.00007	<0.00007	<0.00007	0.00005
镉（Cd）（mg/L）	<0.00006	<0.00006	<0.00006	<0.00006	0.001
铬（六价）（mg/L）	<0.004	<0.004	<0.004	<0.004	0.01
铅（Pb）（mg/L）	0.00095	0.00059	0.00026	0.00015	0.01

6. 水质监测结果 PCA 分析

库区水温在 20.9～30.50 ℃之间，平均值为 27.4 ℃；pH 值在 6.41～9.18 之间，平均值为 7.84。营养状态指数在 44.31～62.04 之间，平均值为 51.84，表明洪潮江水库处于轻度富营养化状态。进一步采用 PCA 分析环境的时空变化，第一主成分和第二主成分分别解释了 28.51%和 21.70%环境变异（图 3－7A）。第一轴主要与水温、TOC、NH_3-N、COD_{Mn}、Phyto 呈负相关，与 DO、pH 值、NO_3-N、NO_2-N、TN 等呈正相关；而第二轴主要反映了营养化状态（TLI）和浮游动物（Zooplankton）、叶绿素、透明度的差异。季节性的环境因子差异主要与第一轴相关，4 月和 10 月环境明显不同（图 3－7B）；而空间性的环境因子差异主要与第二轴相关，呈现了由上游到中游到下游的梯度变化的趋势（图 3－7C）。

据报道，近十多年来，在利益的驱动下，洪潮江水库库区不规范开发利用活动频繁加剧，出现大量的畜禽养殖、单一树种（速生桉）种植等问题。水库周边农村生产、生活产生的污染源处理滞后，大量氮、磷营养盐随地表水排入洪潮江水库，导致库区富营养化严重。主要在于放火炼山种植速生桉和非法采矿等活动造成的水土流失极其严重，以及生活废水、养殖污水直排入库等原因。该结果表明洪潮江水库一些系列的管理措施取得了一定的效果，如投饵养殖的取缔，以及净水渔业项目的实施，使库区水质得到了一定的恢复。

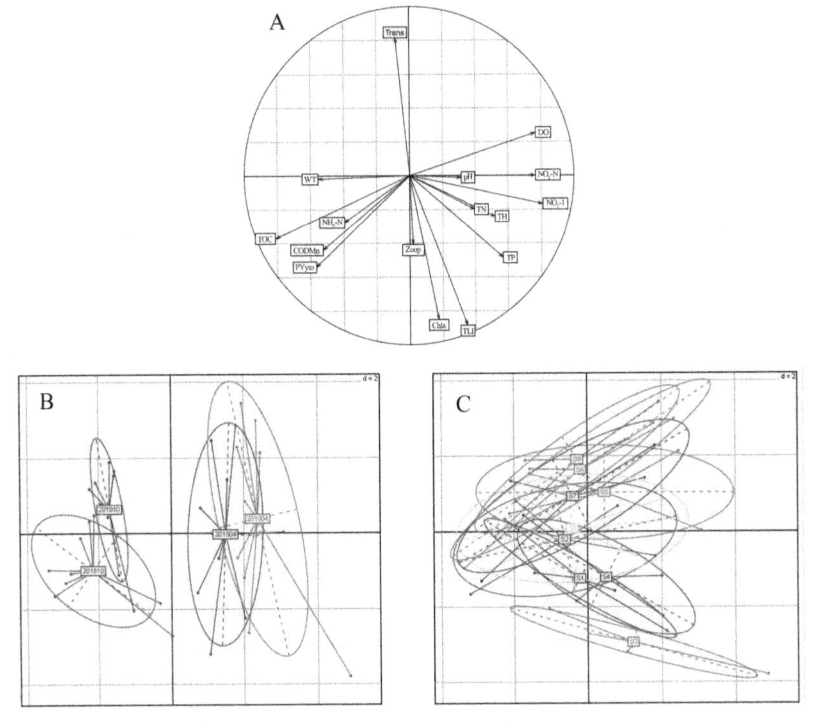

A. 环境因子相关性及得分；B. 环境因子季节变化散点图；C. 环境因子采样点变化散点图

图 3-7　生物和非生物环境因子的主成分分析

7. 水质监测结果小结

洪潮江水库各采样点透明度自上游至下游升高，中下游比上游好，浊度则恰好表现出相反的趋势。3 号采样点透明度最低，浊度最高，可能是由于该采样点位于水库上游，更容易受生活污水、养殖废水排入的影响，上游较低的水位使得该处对于外界污染的稀释能力更差，并且滤食性鱼类主要分布于大水面，较少分布于上游浅水区，也使得上游水体被净化的程度较低。整体而言，透明度随着时间变化慢慢增加，浊度有些许降低，pH 值趋向稳定，这均说明洪潮江水库水质管理与调节颇有成效，正朝着更好的方向发展。

总磷、总氮、氨氮、高锰酸盐指数均呈现出水库上游向下游降低的趋势，并且最大值均出现在上游钦南区范围3号采样点。净水渔业课题的主要生态放养区主要位于水库的中下游，合理的鲢、鳙放养可能对水库碳汇及营养物质的移除具有积极作用，且下游水深，更不易受上游污染物的影响，因此库区下游水质较上游好。洪潮江水库水质总氮、氨氮的含量主要表现出枯水期高于丰水期的时间分布特征。在丰水期，库区最上游的1号、3号采样点总氮与氨氮含量保持在一个较高的水平，表明最上游外源氮排入量较多，受周围人为活动干扰较为频繁。硝酸盐氮是含氮有机物氧化分解的最终产物。监测结果表明水体中硝酸盐含量在4月增高，可能与4月的气温、水温适宜水中微生物生长繁殖，大量分解与利用含氮有机物有关。此外，2019年4月氨氮含量较2019年1月低，一方面可能由于少量的降水稀释了氨氮的含量，另一方面可能由于水体生态系统在发挥自净作用。在整个净水渔业项目实施过程中，各参数同期相比均有所改善。其中水体中总氮、氨氮状况丰水期优于枯水期；而总磷、高锰酸盐指数枯水期优于丰水期，尤其是高锰酸盐指数在2020年1月的监测中，各采样点均达到Ⅰ类水质标准。这可能是由于水中浮游生物大量消耗水中的氮、磷等营养物质后被鲢、鳙摄食，并通过渔业产出将营养物质移除，从而达到如今水质净化的效果。

参照《地表水环境质量标准》（GB 3838—2002）中关于地表水环境质量标准基本项目标准限值所划分的水质分类，整个库区重金属含量均低于地表水Ⅰ类水质的限值，表明库区受工业化影响很小，周围无明显重金属污染排放源。在净水渔业项目实施的过程中，除了金属锌（Zn）的含量在9号采样点有所上升外，其他重金属2020年在水体中的浓度均低于2018年。

随着净水渔业项目的实施，水体中的透明度、浊度、pH值、总磷、总氮、氨氮、高锰酸盐指数均有较大的改善。同时，水库中水体的重金属含量低于地表水Ⅰ类水质的限值，并且随着时间的推移绝大部分重金属含量还在持续下降。综上所述，净水渔业项目的实施对洪潮江水库水质状况的改善起着积极的作用。

（二）浮游植物监测情况

1. 种类组成及优势种分析

洪潮江水库在冬夏两个季节共检测出7门59属，分别隶属于硅藻门9属、绿藻门31属、蓝藻门10属、裸藻门3属、黄藻门1属、甲藻门3属、隐藻门2属。具体种类（属）及航次分布详见附录1。

各季节检测到浮游植物的生物量占总体比例详情见图3-8。其中蓝藻门的藻类种类组成最为丰富，拟柱孢藻是洪潮江水库最主要的优势种，数量占总生物量的50%左右，在监测的9个采样点中蓝藻门数量在夏季和冬季都高于其他藻类。生物量仅次于蓝藻门的甲藻门，各藻类的生物量没有明显的季节优势，甲藻门在冬季的生物量高于夏季。洪潮江水库浮游植物的夏季生物量的平均值（15.4 mg/L）显著高于冬季（2.4 mg/L），且具有较大空间分布差异。除了拟柱孢藻，微囊藻具有较大的空间分布差异，夏季在3号和9号采样点其生物量占比达到50%左右，而在其他采样点中生物量很小；在夏季的3号和9号采样点，主要是铜绿微囊藻和惠氏微囊藻生物量超过或与拟柱孢藻相当，与拟柱孢藻共同成为这2个采样点的优势种，但在其他采样点，生物量很低甚至在定量样品中难以发现。另外，包含锥囊藻的类群只出现在冬季，包含裸藻（*Euglena*）和扁裸藻（*Phacus*）的类群只出现在夏季。

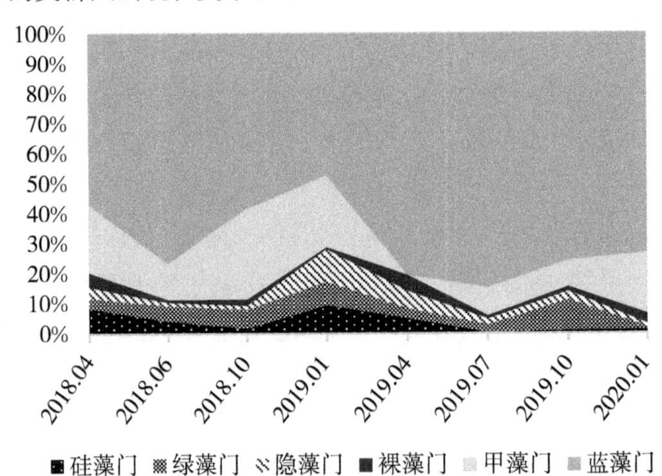

图3-8　2018年4月至2020年1月洪潮江水库浮游植物种类组成及个体数比例

2. 洪潮江水库浮游植物生物量采样点分布

由图3-9可以看出，3号采样点浮游植物在生物量上占据绝对优势，其次是6号采样点，剩下的7个采样点的浮游植物的生物量差距不大，其中生物量最少的一个点是5号采样点。

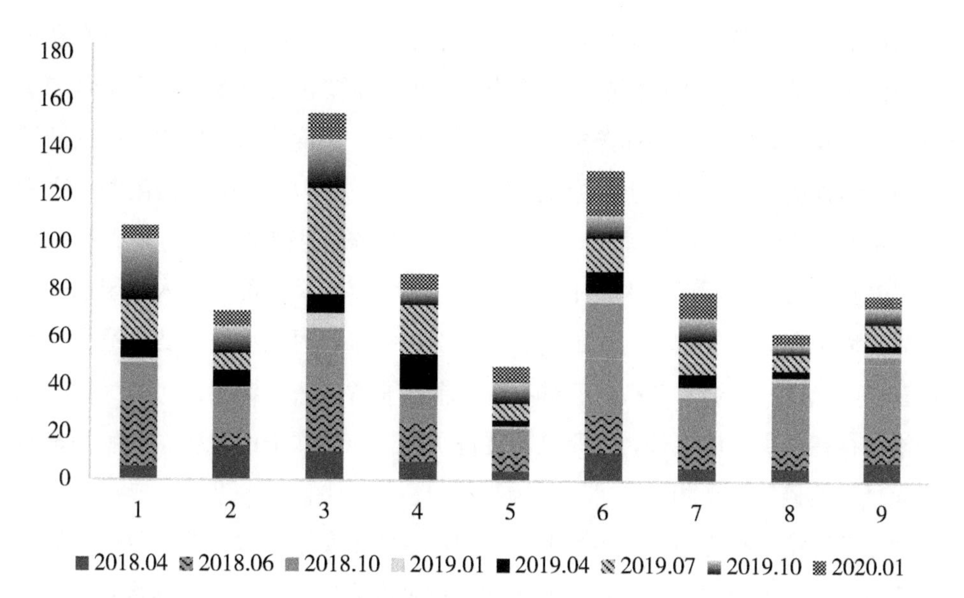

图 3-9　2018 年 4 月至 2020 年 1 月洪潮江水库浮游植物生物量采样点分布

3. 洪潮江水库浮游植物多样性指数

由表 3-15 可知，2018 年 4 月至 2020 年 1 月洪潮江水库浮游植物 Simpson 多样性指数平均值为 0.66，Shannon-Wiener 多样性指数平均值为 1.76，margalef 丰富度指数平均值为 12.43，Shannon 均匀度指数平均值为 0.12。

表 3-15　各季度生物多样性指数值

时间	*D*	*H*	*d*	*J*
2018.04	0.8232	2.162	14.32	0.1424
2018.06	0.6353	1.667	11.95	0.0913
2018.10	0.6877	1.777	12.39	0.0896
2019.01	0.9065	2.766	22.72	0.2484
2019.04	0.7601	1.895	8.617	0.2015
2019.06	0.2949	0.787	8.793	0.0499
2019.10	0.5747	1.525	8.915	0.1178
2020.01	0.6248	1.566	11.70	0.0957
平均值	0.6634	1.768	12.43	0.1296

浮游植物的种类组成和群落结构是与水环境相适应的结果。蓝藻门藻类是洪潮江水库的优势种，全年存在，占生物总量的 42%～122%。隐藻属的种类，一

般生长在富营养、静止、摄食率较低及光照不足的水体中，在洪潮江水库中全年存在，但在冬季生物量相对更高。功能类群的种类主要包含以栅藻、十字藻和盘星藻等没有胶被和鞭毛的绿球藻类，一般生活在高度富营养的水体中，在洪潮江水库中虽然种类丰富，但其生物量很低。甲藻门以甲藻为主的类群是洪潮江水库冬季最主要的优势种，在夏季时 1 号和 6 号采样点的生物量也占有较有利的优势，甲藻具有鞭毛，可以在水层中移动，在水体稳定的旱季可以进入深层水体从而克服环境中存在较低的可利用的营养盐的不利因素，因此占据优势，适宜生活在富营养的水体。微囊藻和拟柱孢藻共存的情况非常普遍。洪潮江水库为拟柱孢藻的常年存在提供温度条件，夏季高温促进了拟柱孢藻水华的发生，其生物量与温度表现出极显著的正相关。

根据浮游植物种类组成可以判断，洪潮江水库未实施净水渔业项目的区域表现出明显的富营养化趋势，而拟柱孢藻和微囊藻作为潜在的产毒蓝藻将会对水库安全产生一定的负面影响。

（三）浮游动物监测情况

1. 种类组成及优势种分析

洪潮江水库在 8 个航次浮游动物调查中共检测出 4 大类 52 属（种），分别隶属于原生动物门 16 属（种）、轮虫类 17 属（种）、枝角类 12 属（种）、桡足类 7 属（种），具体种类（属）及分布详见附录 2。整个监测水域最常见的优势属（种）包括原生动物门的累枝虫属、砂壳虫属；轮虫类的臂尾轮虫属、龟甲轮虫属、晶囊轮虫属；枝角类的秀体溞属、象鼻溞属；桡足类的无节幼体。

表 3-16　2018 年 4 月至 2020 年 1 月各采样点浮游动物生物量一览表

单位：mg/L

采样时间	类别	采样点									平均
		1号	2号	3号	4号	5号	6号	7号	8号	9号	
2018.04	原生动物	0.039	0.028	0.021	0.051	0.049	0.040	0.045	0.016	0.039	0.036
	轮虫类	1.616	1.848	0.864	1.968	2.136	1.672	1.528	0.784	0.928	1.483
	枝角类	1.728	1.656	0.936	1.992	2.136	1.968	1.008	0.696	0.432	1.395
	桡足类	0.520	0.480	0.520	0.520	0.280	0.440	0.280	0.200	0.360	0.400
	无节幼体	0.078	0.093	0.108	0.087	0.054	0.066	0.075	0.018	0.087	0.074
	合计	3.981	4.105	2.449	4.618	4.655	4.186	2.936	1.714	1.846	3.387

续表

采样时间	类别	采样点									平均
		1号	2号	3号	4号	5号	6号	7号	8号	9号	
2018.06	原生动物	0.040	0.038	0.027	0.050	0.047	0.062	0.051	0.028	0.040	0.042
	轮虫类	1.696	2.072	1.360	2.192	2.264	2.048	1.648	1.000	1.128	1.712
	枝角类	2.088	1.584	1.080	2.328	2.184	2.184	0.768	0.624	0.696	1.504
	桡足类	0.360	0.440	0.520	0.440	0.240	0.280	0.480	0.200	0.480	0.382
	无节幼体	0.011	0.015	0.017	0.014	0.008	0.006	0.009	0.004	0.010	0.010
	合计	4.195	4.148	3.004	5.024	4.7425	4.579	2.955	1.856	2.353	3.651
2018.10	原生动物	0.038	0.036	0.025	0.044	0.044	0.052	0.046	0.026	0.036	0.038
	轮虫类	1.800	1.848	1.272	2.12	1.704	1.432	1.616	0.976	1.272	1.560
	枝角类	1.872	1.368	1.224	1.776	2.112	1.656	0.744	0.576	0.576	1.323
	桡足类	0.520	0.480	0.600	0.480	0.400	0.280	0.520	0.320	0.360	0.440
	无节幼体	0.117	0.093	0.102	0.093	0.060	0.054	0.060	0.039	0.057	0.075
	合计	4.347	3.825	3.223	4.513	4.320	3.474	2.986	1.937	2.301	3.436
2019.01	原生动物	0.031	0.029	0.024	0.047	0.040	0.039	0.041	0.021	0.026	0.033
	轮虫类	1.432	1.464	1.168	1.208	0.976	1.224	1.072	1.192	1.288	1.225
	枝角类	0.984	1.176	0.576	1.080	0.744	0.816	0.600	0.312	0.456	0.749
	桡足类	0.440	0.360	0.560	0.480	0.400	0.440	0.520	0.320	0.520	0.449
	无节幼体	0.075	0.054	0.075	0.0801	0.066	0.069	0.084	0.054	0.060	0.069
	合计	2.962	3.083	2.403	2.895	2.226	2.588	2.317	1.899	2.350	2.525
2019.04	原生动物	0.041	0.025	0.022	0.036	0.045	0.033	0.041	0.017	0.033	0.032
	轮虫类	1.944	1.536	1.624	1.408	1.520	1.776	1.328	0.808	1.992	1.548
	枝角类	1.560	1.248	0.984	1.728	1.656	1.752	0.984	0.504	0.456	1.208
	桡足类	0.360	0.400	0.440	0.520	0.360	0.400	0.320	0.320	0.400	0.391
	无节幼体	0.087	0.105	0.120	0.093	0.075	0.051	0.066	0.039	0.075	0.079
	合计	3.992	3.314	3.190	3.785	3.656	4.012	2.739	1.688	2.956	3.259
2019.07	原生动物	0.031	0.022	0.020	0.034	0.033	0.031	0.038	0.020	0.028	0.028
	轮虫类	1.368	1.312	1.184	1.072	1.024	1.384	1.144	0.944	1.528	1.218
	枝角类	1.416	1.152	0.912	1.392	1.296	1.128	0.984	0.576	0.552	1.045
	桡足类	0.400	0.360	0.440	0.360	0.280	0.240	0.301	0.280	0.320	0.332
	无节幼体	0.072	0.087	0.093	0.099	0.057	0.057	0.063	0.042	0.063	0.070
	合计	3.287	2.933	2.649	2.957	2.690	2.840	2.529	1.862	2.491	2.693
2019.10	原生动物	0.036	0.031	0.023	0.039	0.034	0.042	0.037	0.033	0.031	0.034
	轮虫类	1.504	1.560	1.112	1.160	1.000	1.208	1.088	0.904	1.064	1.178
	枝角类	1.896	1.608	1.536	1.416	1.584	1.872	1.296	0.936	0.768	1.435
	桡足类	0.840	0.760	0.760	0.600	0.560	0.600	0.520	0.400	0.520	0.618
	无节幼体	0.090	0.084	0.093	0.075	0.054	0.063	0.078	0.057	0.066	0.073
	合计	4.366	4.043	3.524	3.290	3.232	3.785	3.019	2.330	2.449	3.337

续表

采样时间	类别	采样点									平均
		1号	2号	3号	4号	5号	6号	7号	8号	9号	
2020.01	原生动物	0.034	0.026	0.020	0.033	0.035	0.041	0.036	0.029	0.027	0.031
	轮虫类	1.400	1.376	1.136	1.120	0.992	1.136	1.048	1.008	1.112	1.148
	枝角类	1.272	1.320	0.984	1.224	0.936	1.008	0.912	0.504	0.576	0.971
	桡足类	0.560	0.680	0.400	0.480	0.440	0.520	0.480	0.360	0.440	0.484
	无节幼体	0.069	0.078	0.081	0.075	0.063	0.072	0.081	0.051	0.063	0.070
	合计	3.335	3.480	2.621	2.932	2.466	2.777	2.557	1.952	2.218	2.704

2018年4月共检测到浮游动物4大类35属（种），其中轮虫类11种，占总种类数的31.43%；原生动物9种，占总种类数的25.71%；枝角类9种，占总种类数的25.71%；桡足类6种，占总种类数的17.14%。

2018年6月共检测到浮游动物4大类40属（种），其中轮虫类12种，占总种类数的30.00%；原生动物11种，占总种类数的27.50%；枝角类11种，占总种类数的27.50%；桡足类6种，占总种类数的15.00%。

2018年10月共检测到浮游动物4大类35属（种），其中轮虫类11种，占总种类数的31.43%；原生动物10种，占总种类数的28.57%；枝角类8种，占总种类数的22.86%；桡足类6种，占总种类数的17.14%。

2019年1月共检测到浮游动物4大类35属（种），其中轮虫类11种，占总种类数的31.43%；原生动物9种，占总种类数的25.71%；枝角类8种，占总种类数的22.86%；桡足类7种，占总种类数的20.00%。

2019年4月共检测到浮游动物4大类32属（种），其中轮虫类10种，占总种类数的31.25%；原生动物9种，占总种类数的28.13%；枝角类6种，占总种类数的18.75%；桡足类7种，占总种类数的21.88%。

2019年7月共检测到浮游动物4大类32属（种），其中轮虫类10种，占总种类数的31.25%；原生动物7种，占总种类数的21.88%；枝角类9种，占总种类数的28.13%；桡足类6种，占总种类数的18.75%。

2019年10月的水样，原生动物相对之前的样品单纯，以砂壳虫属为绝对优势属（种）；轮虫类的属（种）较少，且优势属（种）不明显；枝角类的优势属（种）为象鼻溞属、基合溞属、秀体溞属，其他属（种）很少；桡足类的剑水蚤目、哲水蚤目的属（种）及无节幼体相对均衡，优势属（种）不明显。2019年10月共检测到浮游动物4大类、29属（种），优势种为原生动物的砂壳虫属及枝角类的象鼻溞属、基合溞属。其中轮虫类 9 种，占总种类数的 31.03％；原生动物 6 种，占总种类数的 20.69％；枝角类 7 种，占总种类数的 24.14％；桡足类 7 种，占总种类数的 24.14％。

2020 年 1 月共检测到浮游动物 4 大类 33 属（种），其中轮虫类 11 种，占总种类数的 33.33％；原生动物 9 种，占总种类数的 27.27％；枝角类 6 种，占总种类数的 18.18％；桡足类 7 种，占总种类数的 21.21％。

2. 洪潮江水库浮游动物生物量时空分布

2018 年 4 月至 2020 年 1 月的各季节检测到各类别浮游动物的生物密度占总体比例详情见图 3－10。2018 年 4 月至 2020 年 1 月期间各季节检测到各类别浮游动物的生物量占总体比例详情见图 3－11。由图 3－10 可以看出，轮虫类及原生动物在洪潮江水库浮游动物总生物密度中占比较高，分别占总浮游动物生物量的 52.99％和 20.99％；枝角类、无节幼体和桡足类占浮游动物总生物量相对较少，分别为 15.36％、7.30％和 3.35％。由图 3－11 可以看出，轮虫类和枝角类为洪潮江水库浮游动物主要优势类群，分别占总浮游动物生物量的 44.30％和 38.53％；桡足类、无节幼体和原生动物占浮游动物总生物量相对较少，分别为 13.99％、2.08％和 1.10％。在周年变化中，各类群生物量比例未呈现明显季节性波动。

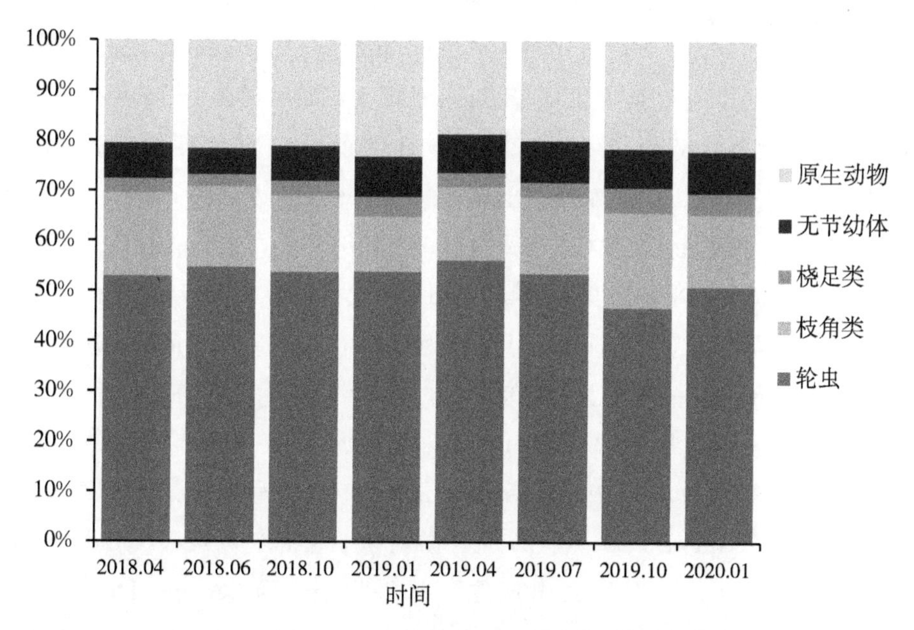

图 3－10　2018 年 4 月至 2020 年 1 月各航次洪潮江水库浮游动物类别组成及生物密度比例

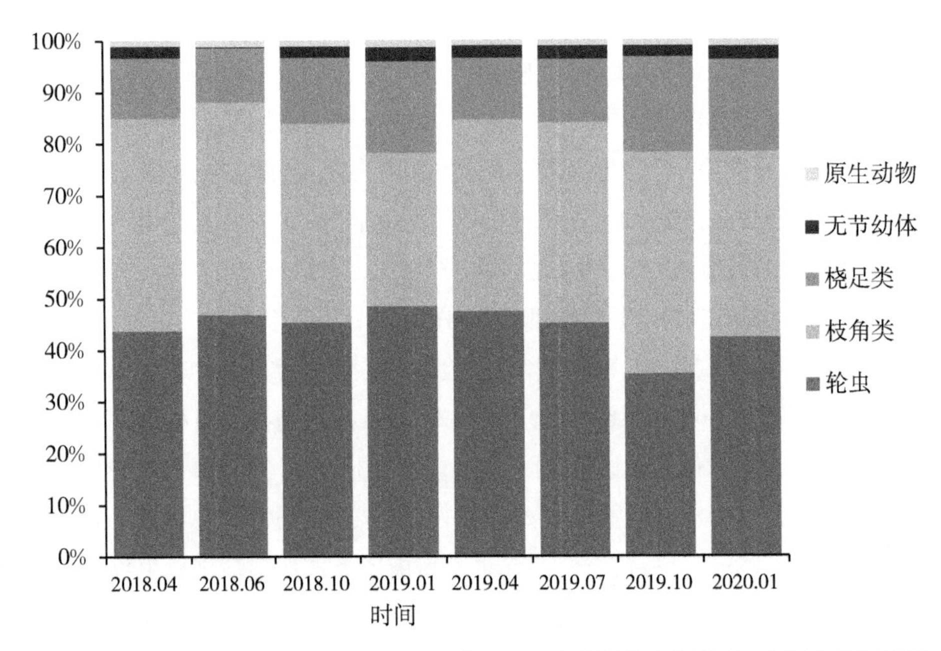

图 3-11　2018 年 4 月至 2020 年 1 月各航次洪潮江水库浮游动物类别组成及生物量比例

2018 年 4 月浮游动物平均密度为 349.67 ind/L，生物量为 3.3874 mg/L；密度最高出现在 5 号采样点，为 478 ind/L，生物量为 4.6545 mg/L；密度最低出现在 8 号采样点，为 169 ind/L，生物量为 1.7135 mg/L。2018 年 6 月浮游动物平均密度为 390.89 ind/L，生物量为 3.6507 mg/L；密度最高出现在 4 号采样点，为 509 ind/L，生物量为 5.0235 mg/L；密度最低出现在 8 号采样点，为 220 ind/L，生物量为 1.856 mg/L。2018 年 10 月浮游动物平均密度为 362.44 ind/L，生物量为 3.4358 mg/L；密度最高出现在 4 号采样点，为 469 ind/L，生物量为 4.5125 mg/L；密度最低出现在 8 号采样点，为 218 ind/L，生物量为 1.9365 mg/L。2019 年 1 月浮游动物平均密度为 284.11 ind/L，生物量为 2.5245 mg/L；密度最高出现在 4 号采样点，为 328 ind/L，生物量为 2.8946 mg/L；密度最低出现在 8 号采样点，为 229 ind/L，生物量为 1.8985 mg/L。2019 年 4 月浮游动物平均密度为 344.22 ind/L，生物量为 3.2586 mg/L；密度最高出现在 1 号采样点，为 427 ind/L，生物量为 3.9915 mg/L；密度最低出现在 8 号采样点，为 176 ind/L，生物量为 1.6875 mg/L。2019 年 07 月浮游动物平均密度为 284.22 ind/L，生物量为 2.6929 mg/L；密度最高出现在 1 号采样点，为 326 ind/L，生物量为 3.2870 mg/L；密度最低出现在 8 号采样点，为 202 ind/L，生物量为

1.8615 mg/L。2019 年 10 月浮游动物平均密度为 314.22 ind/L，生物量为 3.3372 mg/L；密度最高出现在 1 号采样点，为 390 ind/L，生物量为 4.3660 mg/L；密度最低出现在 8 号采样点，为 246 ind/L，生物量为 2.3295 mg/L。2020 年 1 月浮游动物平均密度为 281.22 ind/L，生物量为 2.7089 mg/L；密度最高出现在 1 号采样点，为 332 ind/L，生物量为 3.3345 mg/L；密度最低出现在 8 号采样点，为 230 ind/L，生物量为 1.9515 mg/L。

调查期间各季节浮游动物生物量如图 3-12 所示。各季节之间浮游动物生物量差异显著（$P < 0.01$），秋季浮游动物总生物量显著高于冬季。

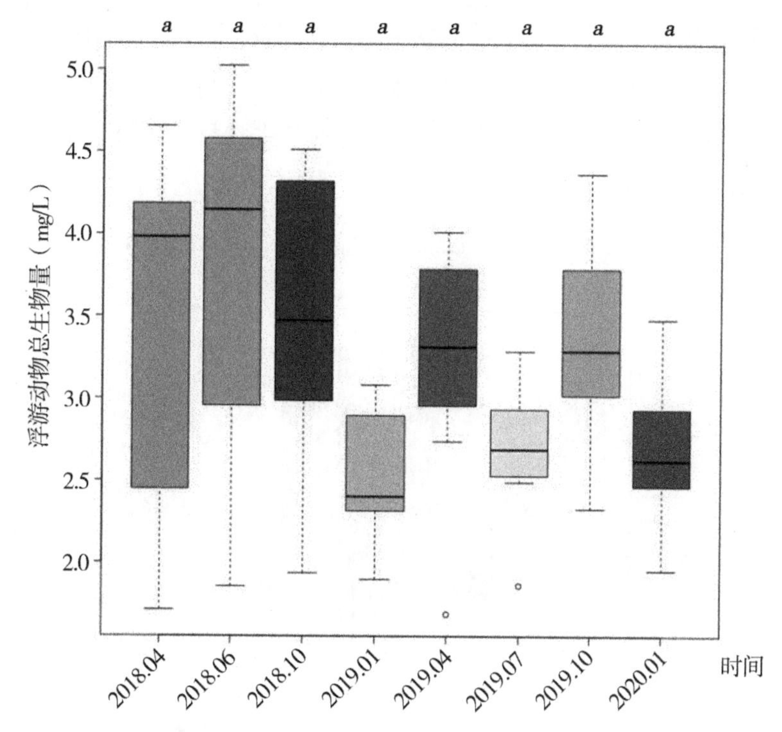

图 3-12　2018 年 4 月至 2020 年 1 月洪潮江水库浮游动物生物量季节分布

2018 年 4 月至 2020 年 1 月期间各季节各采样点浮游动物总生物量走势如图 3-13 所示。可以看出，两周年间各采样点总生物量周年变化整体趋势大致相同，均表现为春季（4 月）、夏季（6 月、7 月）较低，秋季（10 月）浮游动物总生物量攀升并达到峰值，随后冬季（1 月）降至全年最低水平。从时间尺度来看，无论是 2018 年还是 2019 年，10 月水体中浮游动物总生物量均显著大于 1 月。

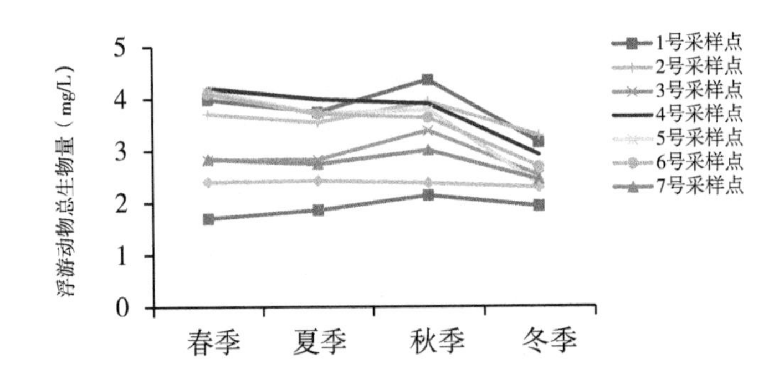

图 3-13　2018 年 4 月至 2020 年 1 月洪潮江水库浮游动物总生物量各采样点走势

两周年调查期间各采样点浮游动物生物量如图 3-14 所示。由图中看出，各采样点浮游动物生物量之间存在显著性差异（$P<0.001$），上游及中游多个采样点（1 号、2 号、4 号、5 号、6 号）的浮游动物总生物量要显著大于下游各采样点（7 号、8 号、9 号）。

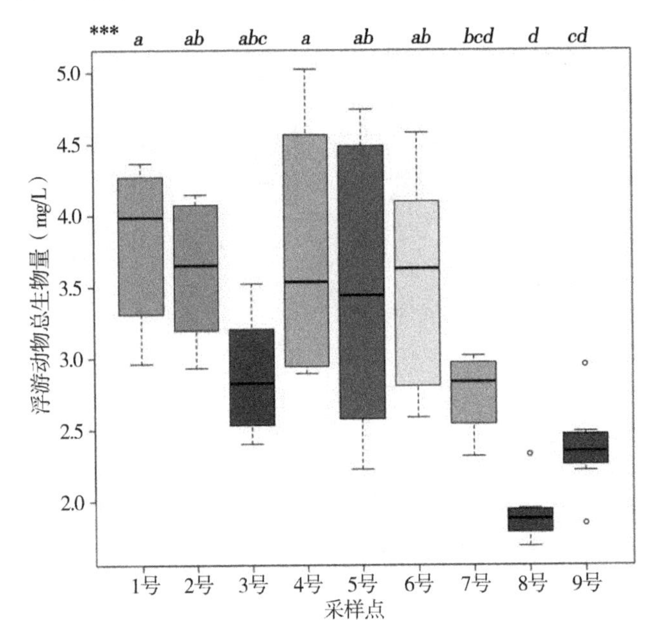

图 3-14　2018 年 4 月至 2020 年 1 月洪潮江水库浮游动物生物量采样点分布

3. 洪潮江水库浮游动物与环境关系

基于不同浮游动物类群生物量与水体环境因子进行冗余分析，结果表明硝酸盐及叶绿素 a 会显著影响洪潮江浮游动物类群组成。轮虫分布与水体硝酸盐水平呈正相关，枝角类分布与水体叶绿素 a 水平呈正相关，无节幼体分布与水体总氮水平呈正相关（图 3-15）。

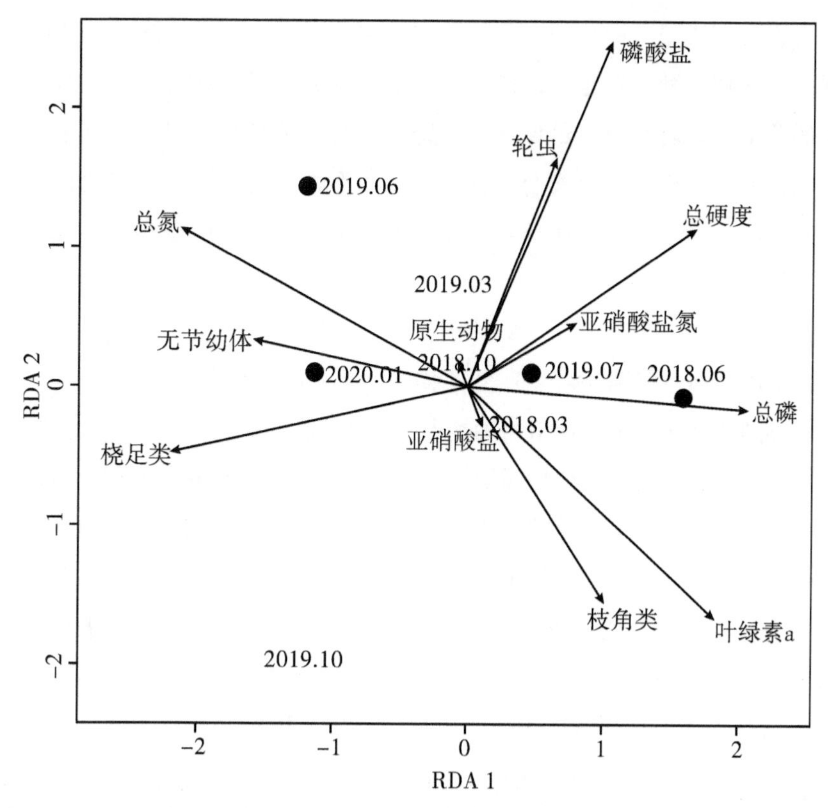

图 3－15　2018 年 4 月至 2020 年 1 月洪潮江水库浮游动物分布与环境因子的关系

4. 总体评价

浮游动物的种类组成和群落结构是与水环境、浮游植物及滤食性鱼类相互适应的结果。洪潮江水库浮游动物由原生动物、轮虫、枝角类及桡足类组成。其中，轮虫及枝角类为洪潮江水库主要优势种类，生物总量占比较高。

由春季进入夏季阶段中，水温的上升促进了水体中浮游植物大规模的增长，但浮游动物总生物量变化不大。浮游植物为水体中的初级生产力，受水温升高的影响，其总生物量增长较快。而浮游动物为水体中的次级生产力，其食物的来源主要为浮游植物，受能量传递逐级递减效应的影响，其总生物量的增长幅度小于浮游植物。同时，洪潮江水库净水渔业增殖种类主要包含了鲢、鳙 2 种滤食性鱼类，在夏季放流的鲢、鳙进入到快速生长时期，鲢、鳙能够大量滤食水体中增长的浮游植物及浮游动物并用于自身的生长。浮游动物受到浮游植物以及滤食性鱼类的共同影响而呈现出总生物量持平的状态。在夏季进入秋季阶段，水库中浮游植物总生物量持续升高，受食物链传递作用的影响，水体中浮游动物总生物量出现稳步增长并在 10 月达到顶峰。在秋季进入冬季过程中，水体中浮游植物的总生物量出现大幅锐减，同样受食物链传递作用的影响，水体中浮游动物的总生物量出现大幅下跌。鲢、鳙也在该阶段完成了越冬前的育肥，水体中浮游植物及浮游动物的总生物量降至全年最低水平。鲢、鳙的生长发育周期与水体中浮游植物及浮游动物的增长周期相互契合，浮游植物和浮游动物为鲢、鳙的生长提供食物来源，同时鲢、鳙也制约着水体浮游植物和浮游动物的群落规模，三者相互制约且相互依存。

多重比较结果表明水库上游及中游区域浮游动物总生物量显著高于水库下游区域，同时水声学渔业资源评估结果表明水库上游及中游区域鱼类的密度大于水库下游区域。洪潮江水库净水渔业增殖种类中滤食性鱼类占比较高，鲢、鳙的生长发育周期与水体中浮游动植物的增长周期相契合，库区鱼类生物密度的周年波动主要受到水体中浮游动植物总生物量的影响，而水库中鱼类生物密度的空间差异则与浮游动物的分布相互吻合，说明水体中浮游动物的分布潜在主导鱼类的空间分布。

枝角类及轮虫类均为滤食性的生物，一般以滤食水中的营养物来维生，如细菌、酵母菌及浮游植物。水体中硝酸盐含量较高意味着水体营养成分较高，细菌、酵母菌等大量出现在水体中，为轮虫类浮游动物提供大量的食物来源，使其生物量得以激增。水体中叶绿素 a 含量较高代表水体中的浮游植物总生物量较高，藻类为枝角类浮游动物的主要食物来源，因此水体中的叶绿素 a 含量与水体中枝角类浮游动物的分布呈显著正相关。

（四）底栖生物监测情况

1. 种类组成及优势种分析

整个调查过程共采集到底栖生物共 444 尾（只/个），分属 4 大类（软体动物、寡毛类动物、水生昆虫、其他底栖动物）9 个种，名录详见附录 3。各种类个体数量占总体比例详见图 3－16。水生昆虫个体数占比 80.64%，包括摇蚊幼虫（80.41%）和大团扇春蜓（0.23%）。寡毛类动物占比 10.81%，包括中华颤蚓（5.63%）和霍甫水丝蚓（5.18%），全长分别为 6～18 mm、14～29 mm。软体动物占比 7.66%，包括双壳纲 1 种，腹足纲 2 种；其中圆顶珠蚌体重范围为 1.111～2.719 g，多棱角螺体重范围为 0.478～1.053g，梨形环棱螺体重范围为 2.475～2.874 g。其他底栖动物共采集到 2 种，个体数量占比最低，为底栖动物个体总量的 0.90%，日本沼虾和溪蟹各占 0.45%；日本沼虾体重范围为 0.731～1.209 g；溪蟹 1 种，因个体较小难以将其鉴定到具体种类，体重在 0.380～

0.594 g。根据相对重要性指数（IRI）分析，摇蚊属幼虫（0.5026）和梨形环棱螺（0.4845）为主要优势种。

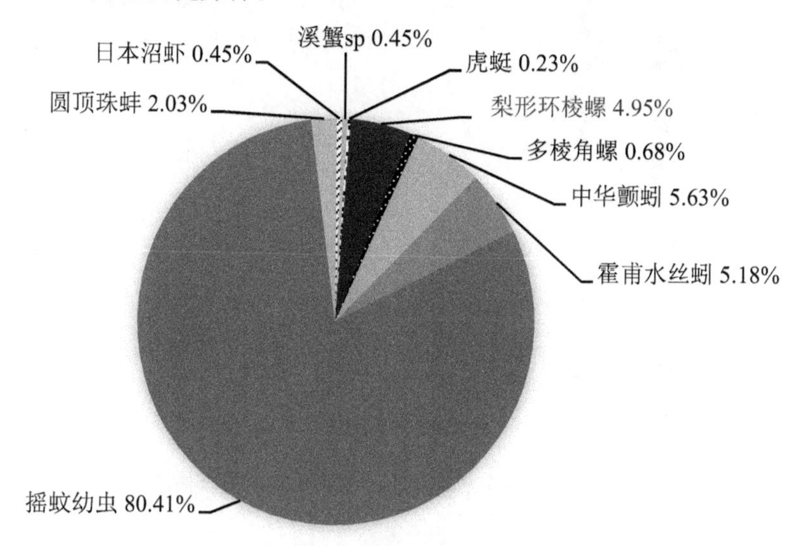

图 3-16　2018 年 4 月至 2020 年 1 月洪潮江水库底栖生物种类组成及个体数比例

2. 洪潮江水库底栖动物密度及生物量采样点分布

按照采样点对洪潮江水库底栖动物进行划分（图 3-17、图 3-18）。2 号采样点底栖动物密度最高，其次为 1 号采样点，其余 7 个采样点（3～9 号采样点）底栖动物的密度相对较低；9 号采样点底栖动物在生物量上占据绝对优势，其次为 1 号采样点，其余 7 个采样点底栖动物生物量相对很低。软体动物仅在 1 号和 9 号采样点分布，1 号采样点软体动物 8 个季度的平均生物量为 22328.1 mg/m^2，9 号采样点为 98022.2 mg/m^2。寡毛类动物在第一周年（2018 年 4 月至 2019 年 1 月）4 个季度以及第二周年冬季（2020 年 1 月）都有分布，且集中分布于 1 号、2 号、7 号和 9 号采样点中，各采样点单季度生物量分布在 15.746～610.855 mg 之间。2 周年调查期间水生昆虫类主要为摇蚊属幼虫，在第一周年冬季（2019 年 1 月）以及第二周年全年（2019 年 4 月至 2020 年 1 月）都有分布，5 个季度各采样点平均生物量为 2.4792 mg/m^2。其他底栖动物仅在 2018 年 4 月（春季）5 号采样点有采集，总生物量为 36425 mg/m^2。

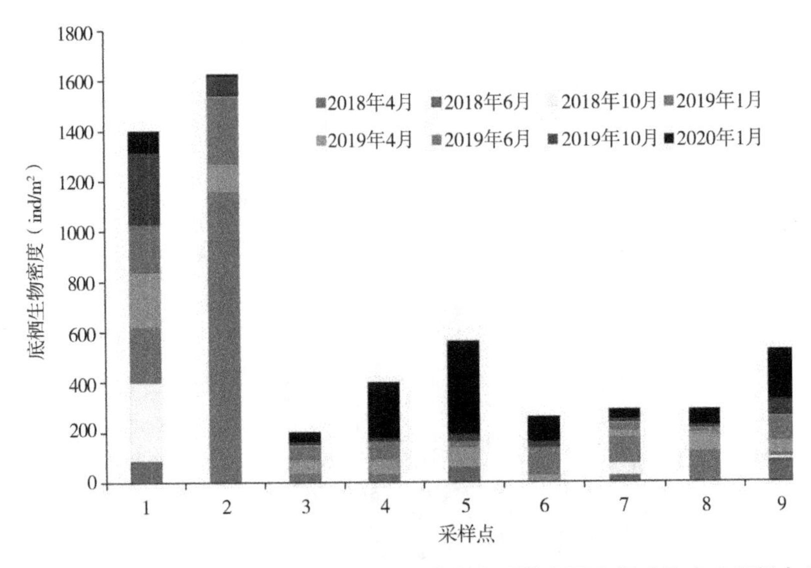

图 3-17　2018 年 4 月至 2020 年 1 月洪潮江水库各采样断面底栖动物密度采样点分布

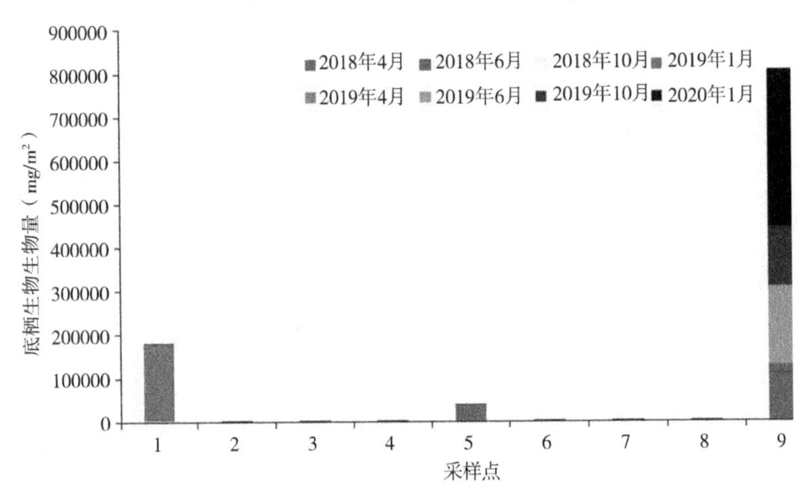

图 3-18　2018 年 4 月至 2020 年 1 月洪潮江水库各采样断面底栖动物生物量采样点分布

3. 洪潮江水库底栖动物密度及生物量周年变动

两周年调查期间洪潮江底栖动物总密度及总生物量变动情况如图 3-19 所示，整体波动范围较大，其中 2019 年 1 月（冬季）及 2020 年 1 月（冬季）出现了 2 个明显的峰值。软体动物密度及生物量变动情况如图 3-20 所示，波动趋势与底栖动物整体波动趋势较为相似，同样在 2 个冬季出现了 2 个明显的峰值。寡毛类动物密度及生物量变动情况如图 3-21 所示，2018 年 4～10 月期间其密度与生物量逐步攀升，至 10 月到达峰值，随后逐步下跌，2019 年全年寡毛类动物密度及生物量整体处于较低水平，2020 年 1 月开始回升。水生昆虫密度及生物量变动情况如图 3-22

所示，2018 年水生昆虫密度及生物量变动幅度极大，2019 年逐步趋于平缓。其他底栖动物仅在 2018 年 4 月有分布，其他季节均未发现（图 3-23）。

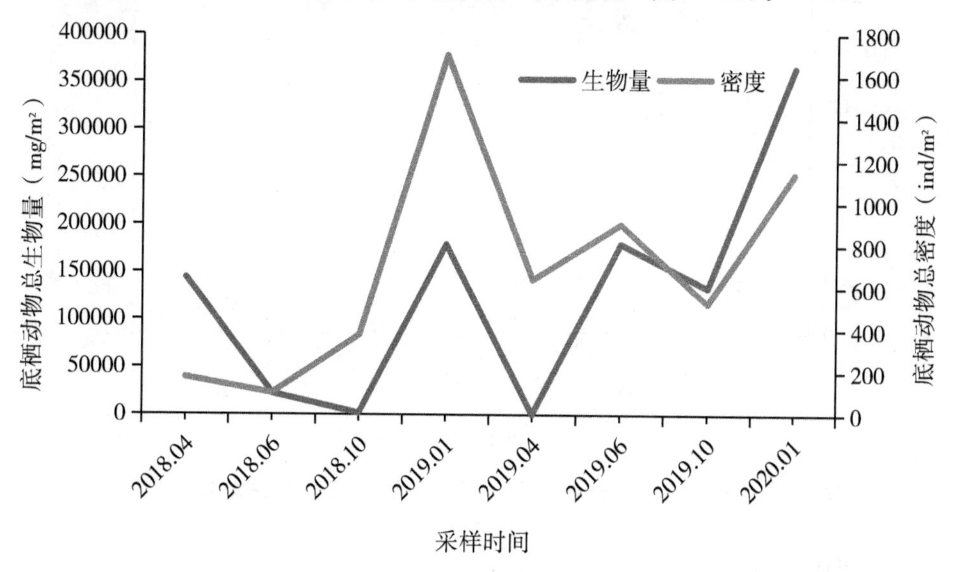

图 3-19　2018 年 4 月至 2020 年 1 月底栖动物总密度及总生物量变动趋势

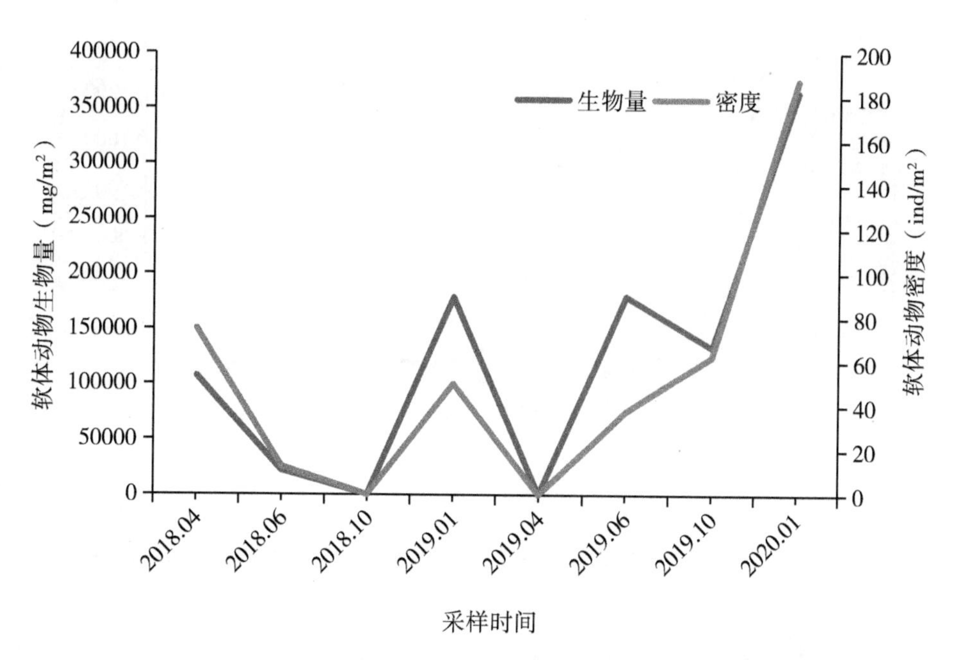

图 3-20　2018 年 4 月至 2020 年 1 月软体动物密度及生物量变动趋势

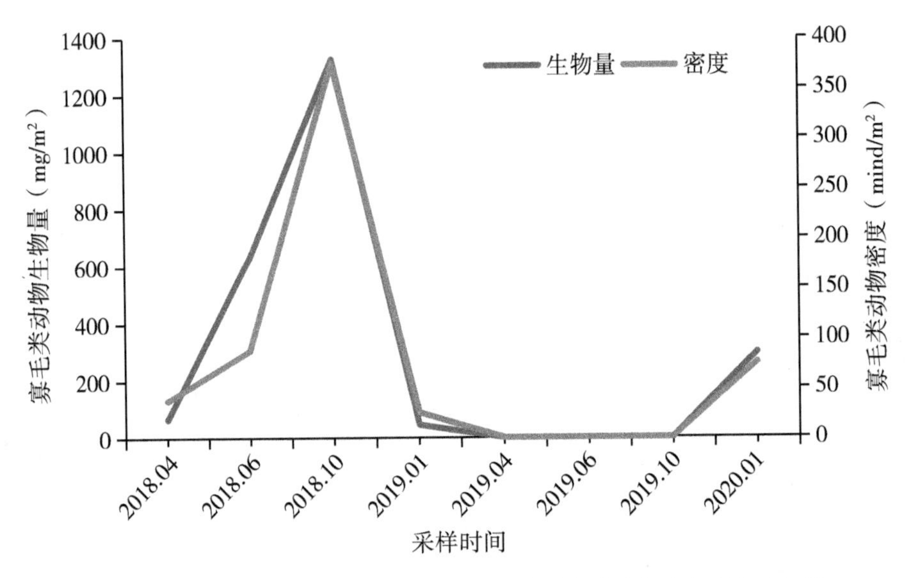

图 3-21　2018 年 4 月至 2020 年 1 月寡毛类动物密度及生物量变动趋势

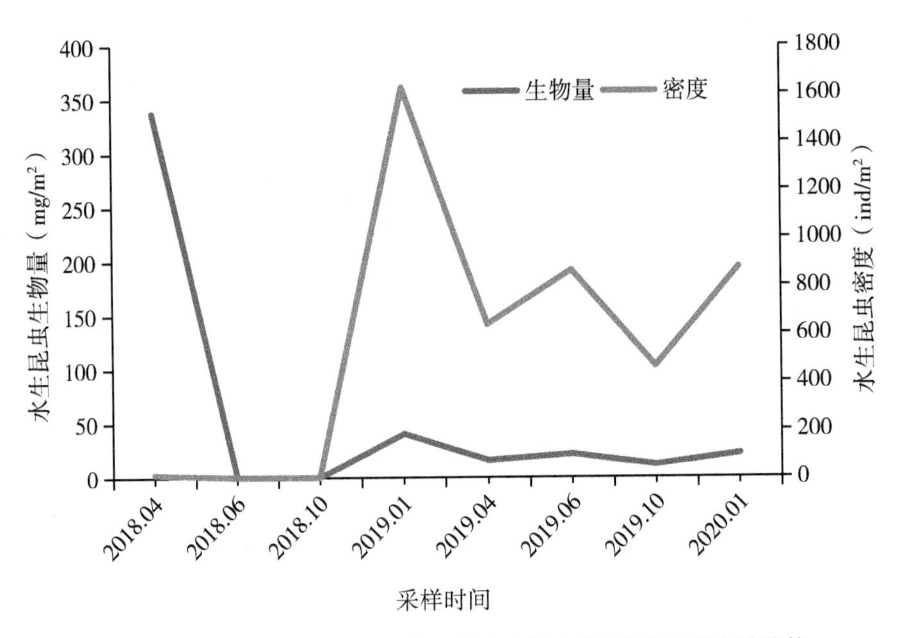

图 3-22　2018 年 4 月至 2020 年 1 月水生昆虫密度及生物量变动趋势

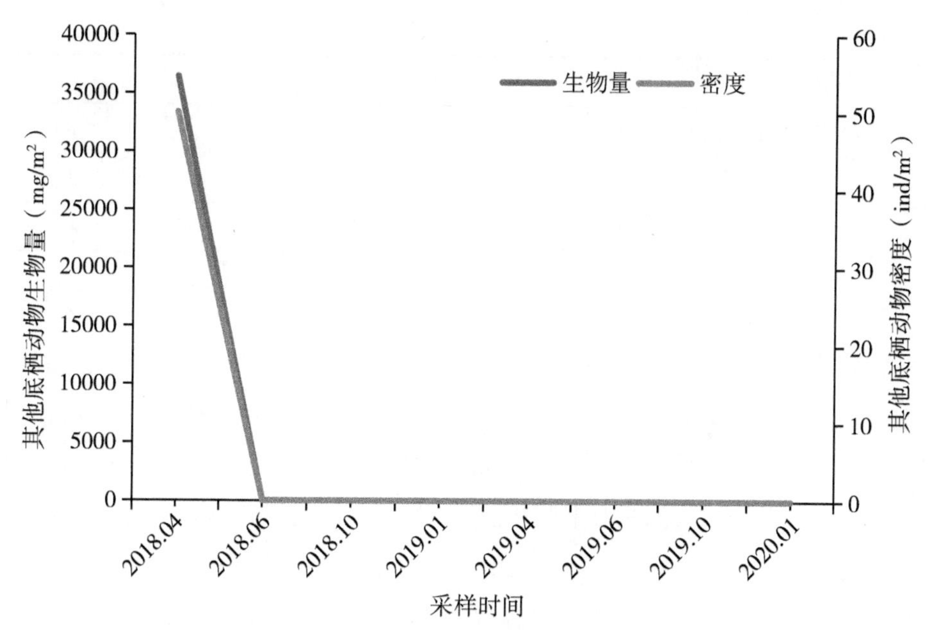

图 3－23　2018 年 4 月至 2020 年 1 月其他底栖动物密度及生物量变动趋势

4. 洪潮江水库底栖动物生物多样性指数及生物指数

由表 3－17 可知，2018 年 4 月至 2020 年 1 月洪潮江水库底栖动物 Simpson 多样性指数平均值为 0.32，Shannon-Wiener 多样性指数平均值为 0.66，margalef 丰富度指数平均值为 0.70，Pielou 均匀度指数平均值为 0.47。2018 年 4 月（春季）至 2019 年 4 月（春季）洪潮江水库底栖动物生物多样性指数呈快速下降趋势，其中 2019 年 4 月（春季）同样的采样流程洪潮江水库由于仅采集到摇蚊幼虫，无其他底栖动物种类，生物多样性指数为 0。2019 年 4 月（春季）至 2020 年 1 月（冬季）洪潮江水库底栖动物生物多样性指数呈缓慢上升趋势。

表 3－17　各季度生物多样性指数值

时间	*D*	*H*	*d*	*J*
2018 年 4 月	0.76	1.87	2.27	0.96
2018 年 6 月	0.53	1.14	0.96	0.82
2018 年 10 月	0.50	0.69	0.29	1.00
2019 年 1 月	0.09	0.22	0.61	0.16
2019 年 4 月	0.00	0.00	0.00	0.00
2019 年 6 月	0.08	0.17	0.23	0.25

续表

时间	*D*	*H*	*d*	*J*
2019年10月	0.21	0.42	0.54	0.39
2010年1月	0.39	0.77	0.67	0.17
平均值	0.32	0.66	0.70	0.47

5. 总体情况

2018年4月至2020年1月，洪潮江水库共采集到底栖动物9种，包括软体动物3种（圆顶珠蚌、梨形环棱螺、多棱角螺），环节动物2种（中华颤蚓、霍甫水丝蚓），水生昆虫2种（大团扇春蜓、摇蚊属幼虫），以及其他底栖动物2种（日本沼虾、溪蟹）。根据相对重要性指数（IRI），摇蚊属幼虫以及梨形环棱螺为主要优势种，摇蚊属幼虫个体数占底栖动物总个体数比例极高，为80.41%，梨形环棱螺个体数仅占底栖动物总个体数的4.95%，但单个个体质量较大，体重范围为2475～2874 mg，因此根据相对重要性指数，梨形环棱螺同样表现为优势种类。

生物密度和生物量是衡量底栖动物现存量的重要指标。从空间来看，摇蚊属幼虫以及寡毛类动物多集中于洪潮江水库1号采样点和2号采样点，因此这2个区域底栖动物生物密度相对较高；软体动物主要分布于洪潮江水库9号采样点，且软体动物个体质量较大，导致该区域底栖动物生物量占比极高。水库1号采样点和2号采样点水位较浅，且受外界干扰程度相对较低，而寡毛类动物对底栖生境要求较高，因此能够在这2个区域集中分布。洪潮江水库9号采样点位于水库排水口附近，该区域水体流动性较高，有机质以及悬浮物相对丰富，因此软体动物在该区域分布也相对集中。相比较而言，水库其他区域（3～8号采样点）底栖动物的种类数、生物密度及生物量都处于较低水平。分析其可能出现的原因，这些区域水位相对较深，或受人类干扰影响较大，生境状况不利于底栖种类的生存。

从时间上来看，洪潮江水库底栖动物随季节波动范围较大，在2个冬季（2019年1月、2020年1月）均出现了明显的峰值，软体动物也表现出同样的趋势。分析其可能出现的原因，软体动物个体质量较大，其生物量在底栖动物总生物量中占比较高，是影响生物量变动的主要类群，因此底栖动物总生物量与软体动物总生物量整体变化趋势相同。从调查结果来看，寡毛类动物集中出现在第一周年，而水生昆虫摇蚊属幼虫则集中出现在第二周年，并在底栖动物生物个体比例中占据了绝对优势。春季至秋季为摇蚊属幼虫羽化阶段，因此在季节变化上，冬季摇蚊属底栖幼虫的生物密度及生物量相对高于其他几个季节。寡毛类动物对底栖生境要求较高，而摇蚊属幼虫则属于耐污种类，由此推断，相较于2018年，2019年洪潮江水库底栖生境状况可能呈现明显下降趋势。

洪潮江水库3种生物多样性指数从2018年4月至2019年4月整体水平都呈下降趋势，第二周年中2019年4月至2020年1月表现出明显的回升趋势，但第二周年整体状况依然低于第一周年。主要是耐污种类减少所致，洪潮江水库底栖动物调查中，共计发现9种底栖动物，其中摇蚊属幼虫以及梨形环棱螺为主要优势种。从空间分布来看，洪潮江水库1号、2号采样点底栖动物生物密度较高，主要分布寡毛类动物；水库排水口附近区域底栖动物生物量较高，主要分布软体动物。从时间分布来看，寡毛类动物相对集中在第一周年出现，而水生昆虫摇蚊属幼虫则集中出现在第二周年。生物多样性指数以及生物指数表明，洪潮江水库第一周年底栖生境状况开始逐步恶化，底栖动物生物多样性呈现逐步减少的态势，第二周年底栖生境状况以及底栖动物生物多样性整体水平明显低于第一周年，但呈现缓慢回升的趋势。

从底栖生物监测结果可见，投放鲢、鳙加速了营养盐沉积，可能导致底层生物多样性下降，研发人工上升流装置，将底层营养盐提升到表层，增加表层初级生产力，可能是净水渔业未来的研究方向之一。

（五）着生藻类监测情况

2018年（6月、10月）、2019年（1月、4月、6月、10月）和2020年（1月）分别在洪潮江水库的9个采样点进行7次采样。

1. 洪潮江水库着生藻类种类组成

2018～2020年，检测到洪潮江水库着生藻类共有绿藻、蓝藻、硅藻、黄藻4门（表3-18）。种类数最多的门类是绿藻门，共计15属58种，占着生藻类总种数的46%；硅藻门共计15属51种，占总着生藻类总种数的41%；蓝藻门共计7属14种，占总着生藻类总种数的11%；黄藻门种类数最少，仅1属2种，占总着生藻类总种数的2%。在周年采样中，洪潮江水库着生藻类的种类数随季节变化呈现出了明显差异，以10月种类数最高。2018年10月为49种、2019年为51种。2018年6月种类数最低，为19种。

表 3-18 洪潮江水库着生藻类种类季节分布

种类	2018 年 6 月		2018 年 10 月		2019 年 1 月		2019 年 4 月		2019 年 6 月		2019 年 10 月		2020 年 1 月	
	属	种	属	种	属	种	属	种	属	种	属	种	属	种
硅藻门	7	7	14	23	10	14	7	16	4	13	5	22	8	17
黄藻门	1	1	1	2	1	2	1	2	1	2	1	2	1	2
蓝藻门	3	3	5	5	5	5	1	3	2	6	3	3	3	4
绿藻门	6	8	9	19	10	18	8	16	10	21	9	24	8	17
总计	17	19	29	49	26	39	17	37	17	42	18	51	20	40

2. 着生藻类密度及生物量

2018 年 6 月至 2020 年 1 月，采样点和季节着生藻类平均密度和生物量分布差异明显（表 3-19、图 3-24、图 3-25）。采样点平均密度的变化范围为 11484.2～24835.2 ind/cm^2，平均生物量变化范围为 0.0128～0.0407 mg/cm^2。平均最高值及最低值数量密度和生物量均出现在 1 号采样点和 2 号采样点，5 号采样点和 9 号采样点数量密度和生物量也呈现出较高值，3 号和 4 号采样点密度和生物量基本持平。

从季节变化来看，着生藻类平均密度的变化范围为 3831.7～34351.5 ind/cm^2，平均生物量变化范围为 0.0068～0.0579 mg/cm^2，两者最低值均在 2018 年 6 月，最高值在 2019 年 4 月。2019 年 4 月后平均密度和生物量均呈急剧下降趋势（表 3-19、图 3-26、图 3-27）。

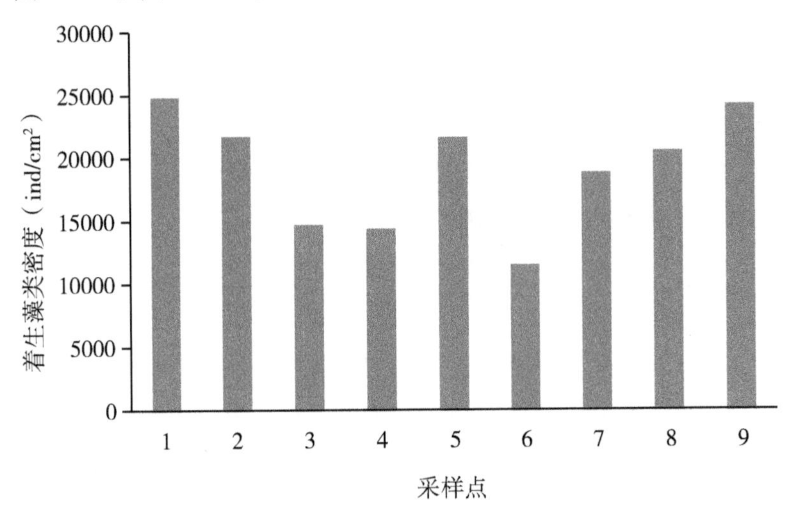

图 3-24 洪潮江水库着生藻类平均密度空间分布格局

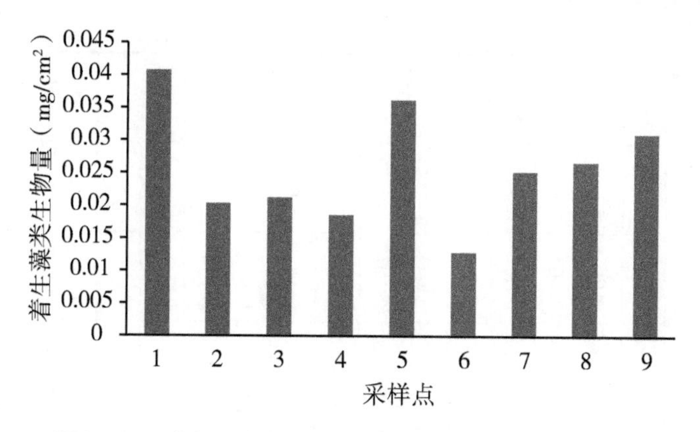

图 3－25　洪潮江水库着生藻类平均生物量空间分布格局

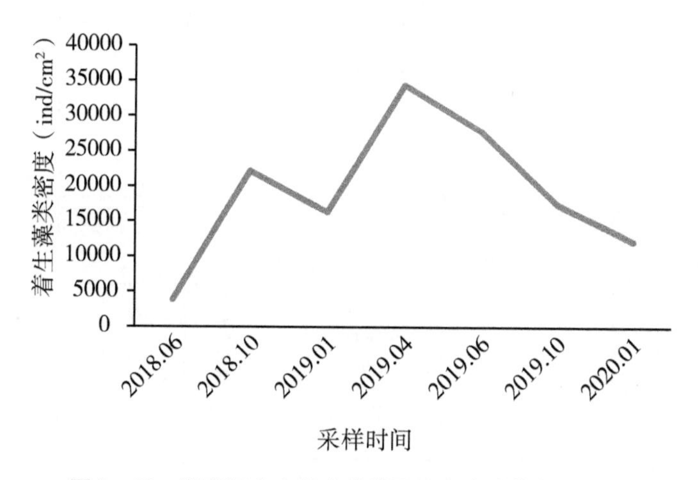

图 3－26　洪潮江水库着生藻类平均密度季节变化趋势

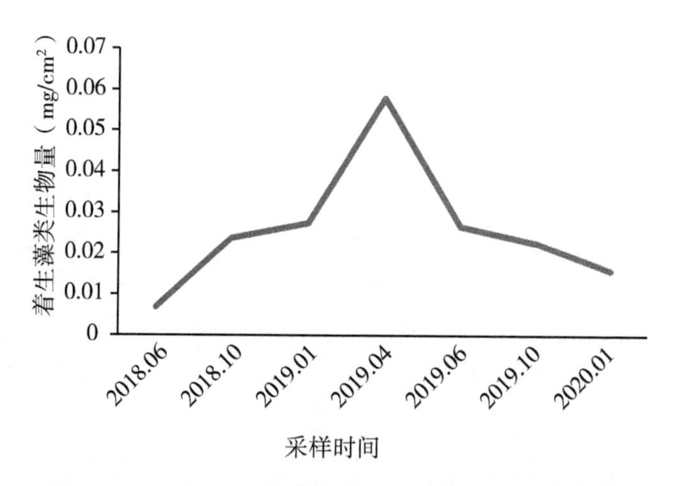

图 3－27　洪潮江水库着生藻类平均生物量季节变化趋势

表 3-19　2018～2020 年着生藻类密度及生物量

站点	水层	密度（ind/cm²）								生物量（mg/cm²）							
		2018.06	2018.10	2019.01	2019.04	2019.06	2019.10	2020.01	平均	2018.06	2018.10	2019.01	2019.04	2019.06	2019.10	2020.01	平均
1	岸边	9075.0	4672.0	57915.0	31680.0	5709.4	6311.3	5625.0	24835.2	0.0126	0.0191	0.1066	0.0423	0.0034	0.0072	0.0084	0.0407
	底泥	—	4102.8	5372.7	14536.2	20694.1	3832.2	4320.7		—	0.0008	0.0087	0.0286	0.0303	0.0093	0.0076	
2	岸边	840.0	67900.0	2691.0	9562.5	—	3960.0	9753.98	21733.5	0.0008	0.0152	0.0072	0.0120	—	0.0058	0.0104	0.0203
	底泥	—	8216.8	3967.5	27592.1	7574.3	3614.3	6462.2		—	0.0083	0.0048	0.0504	0.0148	0.0075	0.0049	
3	岸边	2100.0	2079.0	6480.0	17634.4	9675.0	3265.3	5737.5	14698.8	0.0050	0.0033	0.0127	0.0226	0.0168	0.0044	0.0075	0.0212
	底泥	—	6281.9	—	37556.0	—	9377.7	2705.1		—	0.0028	—	0.0526	—	0.0163	0.0044	
4	岸边	840.0	4320.0	14760.0	10023.8	12504.4	4612.5	7458.8	14372.0	0.0013	0.0090	0.0220	0.0177	0.0078	0.0049	0.0080	0.0185
	底泥	—	—	3565.5	15629.5	17132.4	2284.3	7472.9		—	—	0.0029	0.0306	0.0158	0.0020	0.0077	
5	岸边	1800.0	7762.5	16245.0	21217.5	19170.0	9720.0	9652.5	21626.3	0.0032	0.0160	0.0272	0.0569	0.0118	0.0211	0.0186	0.0362
	底泥	—	1803.4	—	31574.7	11647.0	13653.3	7138.5		—	0.0015	—	0.0619	0.0053	0.0208	0.0090	
6	岸边	900.0	10266.8	3000.0	—	16920.0	6215.6	1800.0	11484.1	0.0010	0.0180	0.0050	—	0.0213	0.0047	0.0007	0.0128
	底泥	—	2900.5	—	1641.9	21190.0	13480.5	2073.9		—	0.0033	—	0.0022	0.0136	0.0166	0.0033	
7	岸边	5250.0	13376.8	3300.0	—	24502.5	5737.5	13736.3	18804.2	0.0100	0.0266	0.0058	—	0.0229	0.0122	0.0163	0.0252
	底泥	—	1390.1	1499.1	25292.8	15137.4	13029.6	9377.7		—	0.0016	0.0015	0.0431	0.0068	0.0173	0.0122	
8	岸边	13680.0	1717.2	11923.2	2126.3	13781.3	13275.0	6277.5	20508.3	0.0270	0.0023	0.0236	0.0040	0.0264	0.0158	0.0124	0.0267
	底泥	—	646.2	1998.8	24548.9	20987.2	29891.5	2705.1		—	0.0013	0.0011	0.0400	0.0151	0.0143	0.0033	
9	岸边	—	61327.5	14040.0	28305.0	23760.0	8606.3	4083.8	24190.6	—	0.0841	0.0177	0.0366	0.0233	0.0107	0.0026	0.0310
	底泥	—	604.9	—	10241.9	9389.0	5973.8	3001.9		—	0.0001	—	0.0199	0.0044	0.0128	0.0048	
平均		3831.7	22152.0	16306.4	34351.5	27752.7	17426.7	12153.7	—	0.0068	0.0237	0.0274	0.0579	0.0266	0.0226	0.0158	—

3. 岸边着生藻类密度及优势度

从表 3-20 来看，岸边着生藻类隶属 4 门 38 属 108 种，各门种类数关系为绿藻门（49 种）>硅藻门（45 种）>蓝藻门（12 种）>黄藻门（2 种）。绿藻门的最高密度值出现在 2019 年 6 月，为 93003.8 ind/cm^2；硅藻门于 2019 年 1 月的数量密度最高，为 68345.9 ind/cm^2，2018 年 6 月的数量密度最低，为 11760.0 ind/cm^2；蓝藻门的最高密度值出现的季节为 2018 年 10 月。黄藻门的藻类数最少仅 2 种，为近缘黄丝藻和绿色黄丝藻，从总体数量密度来看绿色黄丝藻数值高于近缘黄丝藻，且绿色黄丝藻在 7 次调查中均有出现。黄藻门的最高密度值出现在 2019 年 4 月，为 24153.8 ind/cm^2，冬季有明显的低密度现象，以 2020 年 1 月密度（826.9 ind/cm^2）最低，其次为 2019 年 1 月。

从优势度计算结果来看，岸边着生藻类共有 6 种优势种，为线形舟形藻黄藻、绿色黄丝、镰形纤维藻、拟月新藻、小球藻及针形纤维藻，其中绿色黄丝藻的优势度（0.0842）最高。

表 3-20　岸边着生藻种类组成及密度

单位：ind/cm^2

种类		2018 年 6 月	2018 年 10 月	2019 年 1 月	2019 年 4 月	2019 年 6 月	2019 年 10 月	2020 年 1 月	优势度
硅藻门	45 种	11760.0	64116.4	68345.9	53341.9	24007.5	21414.4	32203.1	
	扁圆舟形藻［*Navicula palcentula*（Ehr.）Grun.］							7740.0	0.0016
	缠结异极藻（*Gomphonema intricatum*）				4010.6	826.9			0.0019
	窗格平板藻（*Tabellaria fenestrata*）		146.0	5354.9	1350.0				0.0041
	短肋羽纹藻（*Pinnularia brevicostala* Cl.）					1237.5			0.0002
	短线脆杆藻（*Fragilaria brevistriata*）		621.0						0.0001

续表

种类		2018年6月	2018年10月	2019年1月	2019年4月	2019年6月	2019年10月	2020年1月	优势度
硅藻门	短小舟形藻（*Navicula exigua*）		308.6						0.0001
	钝脆杆藻（*Fragilaria capucina*）	3120.0	934.0	238.5				3796.9	0.0065
	放射舟形藻（*Navicula radiosa* Kutz.）					4297.5	2595.9		0.0028
	放射舟形藻柔弱变种［*Navicula radiosa* Kuetz. var. *tenella*（Bréb. ex Kutz.）Grun］				646.9				0.0001
	环状扇形藻［*Meridion circulare*（Grev.）Ag.］		310.5						0.0001
	喙头舟形藻（*Navicula rhynchocephala*）		1599.4						0.0003
	极细舟形藻（*Navicula fenero*）						956.3	112.5	0.0004
	尖辐节藻（*Stauroneis acuta* W. Smith）	1680.0	212.3	1485.0					0.0020
	尖针杆藻（*Synedra acusvar*）	450.0	1045.7	11179.8				1350.0	0.0113
	间断羽纹藻（*Pinnularia interrupta*）		74.3			270.0			0.0001
	简单舟形藻（*Navicula simplex*）*	3555.0	41747.3	29908.5				7408.1	0.0664
	具球异菱藻［*Anomoeoneis sphaerophora*（Kuetz.）Pfitzer］		73.0						0.0000

续表

种类		2018年6月	2018年10月	2019年1月	2019年4月	2019年6月	2019年10月	2020年1月	优势度
硅藻门	颗粒直链藻极狭变种（*Aulacoseira granulata*）		3095.6		4455.0	810.0	573.8	6513.8	0.0155
	克里格辐节藻（*Stauroneis kriegeri*）		351.0						0.0001
	两头桥弯藻（*Cymbella amphicephala* Naegeli）			1113.8				191.3	0.0005
	两头针杆藻（*Synedra amphicephala*）		219.0						0.0000
	膨大桥弯藻（*Cymbella turgida* Greg.）	330.0	3831.6	8123.0			607.5	348.8	0.0133
	普通等片藻（*Diatoma vulgare*）			742.5					0.0001
	桥弯藻（*Cymbella agardh*）				11143.1		1530.0		0.0051
	双头辐节藻（*Stauroneis anceps* Ehrenberg）			865.2					0.0002
	双头针杆藻（*Synedra amphicephal*）							168.8	0.0000
	双头舟形藻（*Navicula dicephala*）		495.4		129.4		1535.6		0.0013
	四尾栅藻（*Scenedesmus quadricauda*）				129.4				0.0000
	瞳孔舟形藻（*Navicula pupula*）		73.0						0.0000
	弯曲真卵形藻（*Eucocconeis flexella*）	630.0	5072.5	811.2					0.0039

续表

种类		2018年6月	2018年10月	2019年1月	2019年4月	2019年6月	2019年10月	2020年1月	优势度
硅藻门	弯羽纹藻（*Pinnularia gibba* Eer）					990.0			0.0002
	微绿羽纹藻变化变种（*Pinnularia viridis commutata*）			432.0					0.0001
	微细桥弯藻［*Cymbella parva*（Wm. Smith）Cl.］						911.3		0.0002
	系带舟形藻（*Navicula cincta*）				3093.8		286.9		0.0014
	细条羽纹藻（*Pinnularia microstauron*）			147.6			303.8		0.0002
	纤细等片藻（*Diatoma tenue Agardh*）	1995.0	2311.9	4875.0					0.0055
	纤细异极藻（*Gomphonema gracile*）		514.3		1940.6		357.2	1906.9	0.0038
	纤细舟形藻（*Gomphonema gracile*）				742.5				0.0001
	线形舟形藻（*Navicula graciloides*）*		727.0		18618.8	826.9	6660.0		0.0216
	小环藻（*Cyclotella*）			3069.0				2317.5	0.0022
	扎卡四极藻（*Attheya zachariasi*）		73.0						0.0000
	窄异极藻（*Gomphonema angustatum*）		280.0			5096.3	382.5	348.8	0.0049
	长圆舟形藻（*Navicula oblonga*）						1423.1		0.0003
	直链藻（*Melosira*）				7081.9	742.5	253.1		0.0049
	舟形藻（*Navicula*）					8910.0	3037.5		0.0048

续表

种类		2018 年 6 月	2018 年 10 月	2019 年 1 月	2019 年 4 月	2019 年 6 月	2019 年 10 月	2020 年 1 月	优势度
黄藻门	2 种	11055.0	10080.4	13614.0	24153.8	4646.3	9140.6	826.9	
	近缘黄丝藻（*Tribonema affine* G. S. West）		623.5	103.5	5911.9	2818.1	2863.1	191.3	0.0151
	绿色黄丝藻（*Tribonema niride Pasch*）*	11055.0	9456.9	13510.5	18241.9	1828.1	6277.5	635.6	0.0858
蓝藻门	12 种	2715.0	65767.0	13713.9	1794.4	4365.0	1265.6	3796.9	
	变红颤藻（*Oscillatoria rubeccens*）					270.0			0.0001
	颤藻（*Oscillatoriales*）				978.8				0.0002
	断裂颤藻（*Oscillatoria fraca*）	540.0	350.8	3429.2	556.9	270.0		624.4	0.0052
	宽管链藻（*Aulosira laxa*）			207.0					0.0000
	念珠藻（*Nostoc commune* Vauch）		417.5	3278.1				3172.5	0.0041
	平裂藻（*Merismopedia*）					725.6	1113.8		0.0007
	弱细颤藻（*Oscillatoria tenuis*）				258.8	2851.9	75.9		0.0019
	史氏棒胶藻（*Rhabdogloea smithii*）		61390.0						0.0123
	弯形小尖头藻（*R. curvata*）	900.0	1219.2	5626.7					0.0047
	威利颤藻（*Oscillatoria willei*）					247.5			0.0000
	鱼腥藻（*Anabaena*）	1275.0	2389.5	1173.0					0.0029
	中华小尖头藻（*Raphidiopsis sinensia*）						75.9		0.0000

续表

种类		2018年6月	2018年10月	2019年1月	2019年4月	2019年6月	2019年10月	2020年1月	优势度
绿藻门	49种	8955.0	33458.0	34680.5	41259.4	93003.8	29882.8	27298.1	
	矮型鼓藻（*Cosmarium pygmaeum* Arch）						202.5		0.0000
	凹凸鼓藻（*Cosmarium impressulum*）			142.5					0.0000
	棒形鼓藻（*Gonatozygon*）	165.0			388.1	1850.6			0.0008
	被甲栅藻博格变种（*Scenedesmus armatus*）						371.3		0.0001
	被甲栅藻博格变种双尾变型［*S. armatus* var. *boglariensis* f. Bicaudatus］		710.3				742.5		0.0006
	扁鼓藻［*Cosmarium depressum*（Nag.）Lund］						123.8		0.0000
	粗柱胞鼓藻（*Cylindrocystis crassa* de Bary）		74.3						0.0000
	大宽带鼓藻（*Pleurotaenium maximum*）			712.5					0.0001
	大中带鼓藻（*Mesotaenium macrococcum*）	165.0		1036.8	388.1	1040.6	202.5		0.0028
	蛋白核小球藻（*Chlorella pyrenoidesa*）	3150.0	1078.0	8646.0					0.0078
	短鼓藻（*Cosmarium abbreviatum Raciborski*）	705.0	974.1	5760.5	371.3				0.0063

续表

种类		2018年6月	2018年10月	2019年1月	2019年4月	2019年6月	2019年10月	2020年1月	优势度
绿藻门	短棘盘星藻［*Pediastrum boryanum*（Turp.）Men］			722.7					0.0001
	钝鼓藻（*Cosmarium obtusatum*）		210.0		2227.5	270.0	1923.8	112.5	0.0048
	肥壮角星鼓藻（*Staurastrum pingue*）		146.0				219.4		0.0001
	浮游角星鼓藻（*Staurastrum planctonicum*）		292.0						0.0001
	弓形藻（*Schroederia setigera* Lemm）	705.0		1819.8		247.5			0.0017
	光泽鼓藻（*Cosmarium candianum* Delponte）	210.0		371.3					0.0002
	厚皮鼓藻（*Cosmarium pachydermum* Lund）			172.8				146.3	0.0001
	近曼弗角星鼓藻（*Staurastrum submanfeldtii*）		226.0						0.0000
	卷曲纤维藻（*Ankistrodesmus convolutes* Cord）							450.0	0.0001
	克利辐射鼓藻［*Actinotaenium clevei*（Lundell）Teiling］					1209.4			0.0002
	镰形纤维藻（*Ankistrodesmus falcatus*）*	165.0		961.7	15530.6	8538.8	9045.0	3746.3	0.0349

续表

种类		2018年6月	2018年10月	2019年1月	2019年4月	2019年6月	2019年10月	2020年1月	优势度
绿藻门	镰形纤维藻奇异变种(*Ankistrodesmus falcatus* var. *mirabilis* G. S. West)					658.1			0.0001
	裂孔栅藻小齿变型(*Scenedesmus perforatus* f. Denticulatus)		572.8	712.5					0.0005
	螺纹柱形鼓藻(*Penium spirostriol atum*)					1451.3			0.0003
	螺旋弓形藻(*Schroederia spiralis*)							208.1	0.0000
	梅尼鼓藻(*Cosmarium meneghinii* Bréb)		465.8						0.0001
	拟新月藻[*Closteriopsis longissima* (Lemm.) Lemm]*		668.3	1033.2		62128.1	3667.5		0.0543
	盘星藻[*Pediastrum clathratum* (*Schroeter*) Lemm]				652.5	196.9			0.0003
	三顶鼓藻(*Triplastrum abbreviatum*)						101.3		0.0000
	双臂角星鼓藻(Staurastrum bibrachiatum)		102.9						0.0000
	双对栅藻交错变种(*Scenedesmus bijuga* var. *alternans*)			870.3	388.1		371.3		0.0010

续表

种类		2018年6月	2018年10月	2019年1月	2019年4月	2019年6月	2019年10月	2020年1月	优势度
绿藻门	双钝顶鼓藻（*Cosmarium biretum* Bréb）		657.0				911.3		0.0006
	四刺顶棘藻（*Chodatella quadriseta* Lemm）		70.8						0.0000
	四棘鼓藻（*Arthrodesmas convergens* Her）						337.5		0.0001
	四角盘星藻四齿变种［*Pediastrum tetras*）*var. tetraodon*（Cord.）Rhb.］						101.3		0.0000
	四尾栅藻（*Scenedesmus quadricauda*）				185.6		990.0	1181.3	0.0014
	伪锥形鼓藻（*Cosmarium pseudopyramidatum*）					219.4	345.9		0.0002
	狭形纤维藻（*Ankistrodesmus angustus*）							337.5	0.0001
	纤细角星鼓藻（*Staurastrum gracile*）		73.0						0.0000
	线痕新月藻（*Closterium lineatum Ehr*）		73.0						0.0000
	线纹新月藻（*Closterium striolatum* Ehr.）			75.0					0.0000
	小球藻（*Chlorella*）*	3690.0	21179.6	4450.5	11491.9	5484.4	3436.9		0.0600
	小新月藻（*Closterium venus* Kiitz.）		286.8						0.0001

续表

种类		2018年6月	2018年10月	2019年1月	2019年4月	2019年6月	2019年10月	2020年1月	优势度
绿藻门	月牙新月藻（*Closterium cynthia*）			6461.3					0.0013
	栅藻（*Scenedesmus* Meyen）				1704.4		253.1		0.0008
	着色鼓藻（*Cosmarium tinctum* Ralfs）			656.3					0.0001
	针形纤维藻［*Ankistrodesmus acicularis* (A. Br.) Korsch］*		5597.7	75.0	7931.3	8741.3	6536.3	21116.3	0.0603
	珍珠鼓藻［*Cosmarium margaritatum* (Lund.) Roy & Biss］					967.5			0.0002
总计	108种	34485.0	173421.7	130354.2	120549.4	126022.5	61703.4	64125.0	

注：“*”号表示该种类为优势种。

4. 底泥表层着生藻类密度及优势度

表3-21的统计结果显示，底泥表层着生藻类隶属4门38属67种，各门种类数关系为绿藻门（34种）>硅藻门（23种）>蓝藻门（8种）>黄藻门（2种）。绿藻门和蓝藻门的最高密度值均出现在2019年6月，其密度分别为53666.4 ind/cm^{2}和37747.6 ind/cm^2。硅藻门的最高密度值出现在2019年4月，为78200.3 ind/cm^2，黄藻门的藻类数为2种，为近缘黄丝藻和绿色黄丝藻，从总体数量密度来看，绿色黄丝藻数值高于近缘黄丝藻，黄藻门密度于2019年4月有最高值，达到82126.5 ind/cm^2。

从优势度计算结果来看，底泥表层着生藻类共有7种优势种，为变异直链藻、近缘黄丝藻、平裂藻、绿色黄丝藻、镰形纤维藻、小球藻及针形纤维藻，其中近缘黄丝藻的优势度（0.1892）最高，其次为绿色黄丝藻。

表 3-21　底泥表层着生藻种类组成及密度

种类（数量密度，ind/cm²）		2018年10月	2019年1月	2019年4月	2019年6月	2019年10月	2020年1月	优势度
硅藻门	23种	913.0	3877.3	78200.3	4162.9	19401.7	34031.8	
	扁圆舟形藻［*Navicula palcentula*（Ehr.）Grun］					127.7	864.1	0.0007
	变异直链藻（*Melosira varians*）*			59850.6		7416.5		0.0453
	缠结异极藻（*Gomphonema intricatum*）			390.7		278.0		0.0005
	短肋羽纹藻（*Pinnularia brevicostala* Cl.）					139.0	150.3	0.0002
	钝脆杆藻（*Fragilaria capucina*）						747.7	0.0003
	杆状舟形藻（*Navicula bacillum* Her）			274.3		417.0	300.6	0.0010
	极细舟形藻（*Navicula fenero*）			1408.9		597.4	604.9	0.0026
	尖针杆藻（*Synedra acusvar*）		1142.2				9144.8	0.0069
	简单舟形藻（*Navicula simplex*）	913.0	244.2				563.6	0.0017
	颗粒直链藻极狭变种（*Aulacoseira granulata*）			172.8		2119.0	16414.8	0.0189
	平滑舟形藻（*Navicula laevissima*）					180.3		0.0001
	桥弯藻（*Cymbella agardh*）			2626.2		826.6		0.0023
	双头舟形藻（*Navicula dicephala*）			1826.0	180.3	1495.3	248.0	0.0050
	弯羽纹藻（*Pinnularia gibba* Eer）					172.8		0.0001

续表

种类（数量密度，ind/cm²）		2018年10月	2019年1月	2019年4月	2019年6月	2019年10月	2020年1月	优势度
硅藻门	系带舟形藻（*Navicula cincta*）			4681.3		2115.2		0.0046
	细条羽纹藻（*Pinnularia microstauron*）						526.0	0.0002
	线形舟形藻（*Navicula graciloides*）			3719.5	2708.9	383.2		0.0069
	小环藻（*Cyclotella*）		2491.0				4121.5	0.0045
	窄异极藻延长变种（*Gomphonema angustatum*）				180.3			0.0001
	长圆舟形藻（*Navicula oblonga*）				180.3		345.7	0.0004
	直链藻（*Melosira*）			2975.6	176.6	1209.8		0.0044
	舟形藻（*Navicula*）				736.4	1923.6		0.0018
	著名羽纹藻（*Pinnularia nobilis*）			274.3				0.0001
黄藻门	2种	6916.8	7420.3	82126.5	28174.5	28798.2	691.3	
	近缘黄丝藻（*Tribonema affine* G. S. West）*	1247.4		61608.9	22287.1	26934.7	345.7	0.1892
	绿色黄丝藻（*Tribonema niride Pasch*）*	5669.5	7420.3	20517.5	5887.4	1863.5	345.7	0.0842
蓝藻门	8种	586.1	274.3	172.8	37747.6	14216.9	4294.4	
	断裂颤藻（*Oscillatoria fraca*）				1202.3		499.7	0.0011
	马氏平裂藻（*Merismopedia marssonii*）				9434.1			0.0032
	念珠藻（*Nostoc commune* Vauch）						834.1	0.0003
	平裂藻（*Merismo pedia*）*				27111.2	13435.4	1025.7	0.0420

续表

种类（数量密度，ind/cm²）		2018 年 10 月	2019 年 1 月	2019 年 4 月	2019 年 6 月	2019 年 10 月	2020 年 1 月	优势度
蓝藻门	弱细颤藻（*Oscillatoria tenuis*）			172.8		601.1		0.0005
	弯形小尖头藻（*R. curvata*）	586.1	274.3					0.0006
	微小平裂藻（*Merismopedia tenuissima*）						1934.9	0.0007
	中华小尖头藻（*Raphidiopsis sinensia*）					180.3		0.0001
绿藻门	34 种	17530.6	4831.6	28114.4	53666.4	32720.6	6240.5	
	棒形鼓藻（*Gonatozygon*）					500.9		0.0000
	被甲栅藻博格变种（*Scenedesmus armatus*）			5500.4		1044.5	146.5	0.0068
	被甲栅藻博格变种双尾变型（*S. armatus var. boglariensis* f. Bicaudatus）					428.3		0.0001
	扁鼓藻［*Cosmarium depressum*（Nag.）Lund］					597.4		0.0002
	大中带鼓藻（*Mesotaenium macrococcum*）					852.9		0.0003
	蛋白核小球藻（*Chlorella pyrenoidesa*）	913.0	1209.8					0.0014
	短鼓藻（*Cosmarium abbreviatum* Raciborski）		142.8					0.0000
	短棘盘星藻［*Pediastrum boryanum*（Turp.）Men］				1142.2			0.0004
	钝鼓藻（*Cosmarium obtusatum*）				1916.1			0.0006

续表

种类（数量密度，ind/cm²）		2018 年 10 月	2019 年 1 月	2019 年 4 月	2019 年 6 月	2019 年 10 月	2020 年 1 月	优势度
绿藻门	二角盘星藻纤细变种（*Pediastrum duplex* var. *gracillimum* W. et G. S. West）						169. 1	0. 0001
	二形栅藻［*Scenedesmus dimorphus*（Turp. ）Kutz. ］			274. 3		180. 3		0. 0003
	肥壮角星鼓藻（*Staurastrum pingue*）				360. 7	127. 7		0. 0003
	鼓藻（*cosmarium*）					574. 8		0. 0002
	光角新鼓藻（*Staurastrum muticum* Breb. ）						93. 9	0. 0000
	光泽鼓藻（*Cosmarium candianum* Delponte）				176. 6			0. 0001
	尖细栅藻［*Scenedesmus acuminatus*（Lag. ）Chod］						296. 8	0. 0001
	卷曲纤维藻（*Ankistrodesmus convolutes* Cord）			552. 3			1160. 9	0. 0012
	镰形纤维藻（*Ankistrodesmus falcatus*）*		165. 3	10895. 6	11470. 4	10155. 4	650. 0	0. 0561
	裂孔栅藻小齿变型（*Scenedesmus perforatus* f. Denticulatus）	913. 0	417. 0		6466. 0		300. 6	0. 0109
	螺旋纤维藻（*Ankistrodesmus spiralis*）			552. 3			315. 6	0. 0006
	拟新月藻［*Closteriopsis longissima*（Lemm. ）Lemm］		330. 6	518. 5	12447. 3	1386. 4		0. 0198
	盘星藻［*Pediastrum clathratum*（Schroeter）Lemm］			552. 3	751. 4	612. 4		0. 0019

续表

种类（数量密度，ind/cm^2）		2018 年 10 月	2019 年 1 月	2019 年 4 月	2019 年 6 月	2019 年 10 月	2020 年 1 月	优势度
	三顶鼓藻（*Triplastrum abbreviatum*）				176.6			0.0001
	三角四角藻［*Tetraedron trigonun*（Nag.）Hansg］						93.9	0.0000
	双对栅藻交错变种（*Scenedesmus bijuga* var. *alternans*）			390.7		127.7		0.0003
	四角盘星藻四齿变种［*Pediastrum tetras var. tetraodon*（Cord.）Rhb］				529.8			0.0002
	四尾栅藻（*Scenedesmus quadricauda*）			541.0		1713.2	495.9	0.0028
绿藻门	狭形纤维藻（*Ankistrodesmus angustus*）						93.9	0.0000
	小球藻（*Chlorella*）*	7003.2	2566.1	3618.1	14051.6	7040.8	180.3	0.0696
	小新月藻（*Closterium venus* Kiitz）						477.2	0.0002
	栅藻（*Scenedesmus meyen*）					3403.9		0.0011
	针形纤维藻［*Ankistrodesmus acicularis*（A. Br.）Korsch］*	8701.4		4718.9	2397.0	4023.9	1765.8	0.0364
	珍珠鼓藻［*Cosmarium margaritatum*（Lund.）Roy & Biss］				721.4			0.0002
	锥形刺叉星鼓藻（*Staurodesmus subulatus*）				1059.5			0.0004
总计	67 种	25946.5	16403.5	188613.9	123751.4	95137.3	45258.0	

注：“*”号表示该种类为优势种。

5. 着生藻类时空多样性

（1）着生藻类季节多样性变化。从季节变化来看，岸边和泥底表层的多样性指数有明显差异。近岸生物多样性总体幅度比底泥表层平稳，泥底表层的近岸Shannon指数的变化趋势与Marglef指数基本一致，底泥的多样性指数（除2018年6月外）变化表现为上升趋势，于2019年10月达到最高值，而2020年1月又略有下降（图3-28、图3-29）。

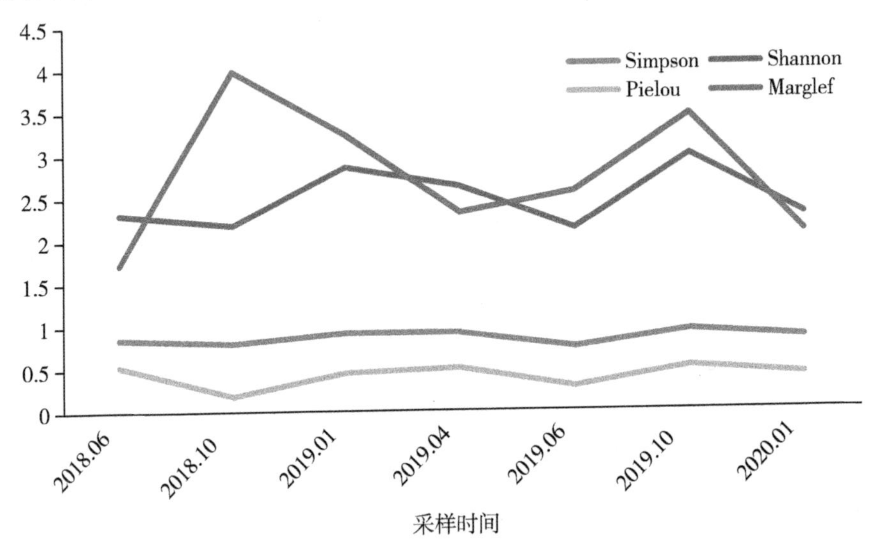

图3-28 岸边着生藻类多样性指数变化趋势

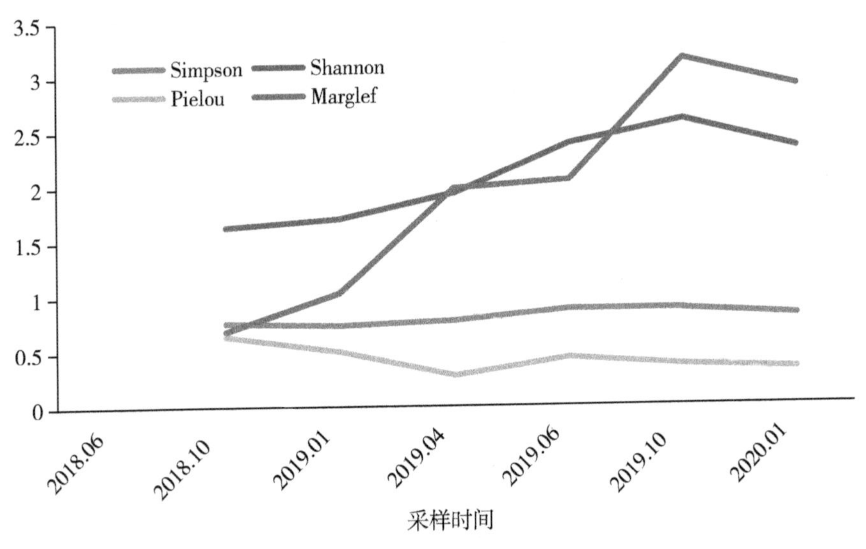

图3-29 底泥表层着生藻类多样性指数变化趋势

（2）着生藻类空间多样性格局。从空间尺度来看，各采样点间岸边固着藻类群落多样性指数比底泥表层的多样性高，且差异明显（图 3－30、图 3－31）。岸边固着藻类群落生物多样性 1 号采样点最高，其次为 5 号采样点，6 号采样点多样性指数最低。底泥表层固着藻类群落多样性各采样点差异较小，多样性指数水平整体略低于岸边。

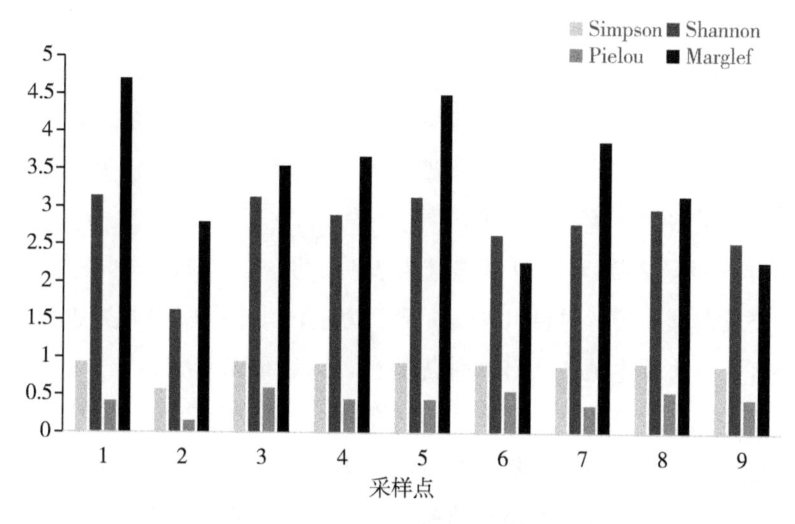

图 3－30　岸边着生藻类多样性指数

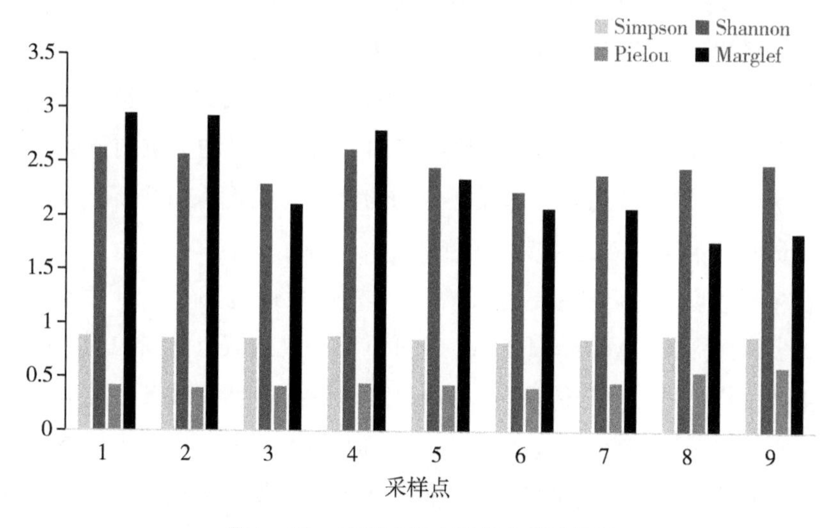

图 3－31　底泥表层生藻类多样性指数

6. 小结

洪潮江水库着生藻类共有硅藻、绿藻、蓝藻及黄藻 4 门，主要以绿藻门种类最为丰富，其次为硅藻、蓝藻和黄藻。岸边着生藻类共有 6 种优势种，为线形舟形藻黄藻、绿色黄丝藻、镰形纤维藻、拟月新藻、小球藻及针形纤维藻。底泥表层着生藻类共有 7 种优势种，为变异直链藻、近缘黄丝藻、平裂藻、绿色黄丝藻、镰形纤维藻、小球藻及针形纤维藻。密度、生物量和生物多样性分析结果表明，洪潮江水库岸边固着藻类群落在这 3 个指标上的数值整体高于底泥表层固着藻类群落，但岸边着生藻类的数值波动较明显。

洪潮江为广西沿海河流南流江的支流，随着库区附近的建设开发及慕名而来的游客增多，洪潮江水库的生态环境遭到破坏，水污染问题日益突出。着生藻类是在水体基质上固着生活的藻类，其物种数量大、群落结构复杂。着生藻类不同于浮游植物，附着于水体基质上，且着生藻类对水环境的变化较为敏感，其动态变化能很好地反映水环境的健康状态。

2018 年 6 月至 2020 年 1 月调查结果表明，洪潮江水库着生藻类共有硅藻、绿藻、蓝藻及黄藻 4 门，主要以硅藻、绿藻为主，其中绿藻门种类数最多。针对优势种而言，岸边着生藻类共有 6 种优势种，为线形舟形藻黄藻、绿色黄丝藻、镰形纤维藻、拟月新藻、小球藻及针形纤维藻；底泥表层着生藻类共有 7 种优势种，为变异直链藻、近缘黄丝藻、平裂藻、绿色黄丝藻、镰形纤维藻、小球藻及针形纤维藻。洪潮江水库固着藻类的绿藻门优势种相对较多且优势度较大。

根据着生藻类密度和生物量统计结果分析，各采样点和不同季节的着生藻类平均密度和平均生物量分布差异明显。密度和生物量的平均最高值及最低值均出现在 1 号采样点和 6 号采样点。从季节变化来看，着生藻类平均密度和平均生物量最高值在 2019 年 4 月，但此后平均密度和平均生物量均呈急剧下降趋势。而 2019 年 4 月至 2020 年 1 月期间水质评价均为重度污染，由此推断，着生藻类密度和生物量受到水质污染的直接性影响。

生物多样性为群落的主要特征之一，本研究通过 Simpson 多样性指数、Shannon 多样性指数、Margalef 指数、Pielou 均匀度指数对洪潮江水库的固着藻类群落生物多样性进行了分析评估。结果表明，洪潮江水库固着藻类群落多样性指数总体水平高于底泥表层的多样性。从时间尺度来看，岸边着生藻类群落多样性指数变化趋势比底泥表层平稳。从空间尺度来看，底泥表层固着藻类群落多样性指数较岸边低但各采样点差异较小。

岸边和底泥着生藻类密度、生物量及多样性指数在空间尺度的整体格局上体现相似性，岸边高于底泥，这可能与洪潮江地区的气候密切相关。洪潮江水库地处亚热带季风区，夏季高温多雨的特性使得水库的水位能够在较短时间内发生较大的变化，从而导致着生藻类种类数在一定程度上有明显的波动幅度。当然，洪潮江水库着生藻类的时空分布还受人类活动、水质因子等多方面的综合影响。

（六）鱼类资源量时空分布情况

1. 调查及数据分析方法

使用水声学评估法调查鱼类时空分布情况，采用的声学设备为 SIMRAD 公司的 ES200-7C EY60 科研 1 型分裂波束鱼探仪，换能器为圆形，频率为 200 KHz，－3 dB 波束角为 7°。使用 SIMRAD 公司的 MX－500 GPS 导航仪确定渔船位置，ER60 采集软件进行水声学数据及地理坐标数据的采集，联想 R61 笔记本电脑存储数据。为消除各航次水环境的差异对声学探测的干扰，获得准确的回波信号，本研究参照标准校正流程，采用直径为 13.7 mm 的原厂标配钨铜金属球于每航次探测前对 SIMRAD 公司的 ES200-7C EY60 科研 1 型分裂波束鱼探仪进行校正。

为避免昼夜探测差异对鱼类资源评估的影响，选择一个风浪较小的库汊区，于 2018 年 4 月 8 日晚和 2018 年 4 月 9 日白天进行水声学调查评估洪潮江水库鱼类昼夜分布的差异。全库区空间探测选择在 2018 年 4 月、2018 年 10 月、2019 年 4 月、2019 年 10 月进行。探头通过不锈钢管进行固定，置于调查船右前方水下 0.5 m，方向垂直向下，采样方法采用之字形走航式探测，船速为 8～10 km/h，调查期间仪器的脉冲长度为 64 μs，分辨精度为 0.012 m，脉冲频率设置为最大值。

为了解洪潮江水库鱼类组成，采用刺网和地笼网结合，对 2 号、3 号、6 号、7 号、9 号采样点进行采样。每个采样点放置 25 m 地笼网 5 张（网框高 33 cm，宽 45 cm，网目 0.7 cm），60 m 刺网 3 张（网高 1.5 m，网目分别为 6 cm、8 cm、10 cm），于 19：00～21：00 放置，第二天 7：00～9：00 取出，放置时间约 12 h。鱼类根据《广西淡水鱼类志》鉴定到种，计数并测量重量。

使用 Sonar5 数据后处理软件转换与分析获得的声学数据，转换时 40 log$R$ 的噪音阈值设置为－60 dB。通过 Sonar5 软件中 Bottom detection 自动识别水底，有明显识别错误的地方手动进行矫正。表层线设置为探头以下 1.5 m 以排除表层噪音及近场效应的影响。水底线在 Bottom detection 和人工矫正的基础上提高 0.5 m，以避免水底噪音的干扰。

数据分析的相关声呐参数分别为最小回波长度为 0.6 cm，最大回波长度为 1.8 cm；最大相差为 0.5；声学截面的最大增益补偿（Max. Gain Compensation）设置为 6 dB。采用回声计数法计算鱼类的体积密度。

目标强度和鱼体体长之间的关系采样参照 Foote（1987）提出的有鳔鱼类的经验公式：

$$TS=20\log L-71.9$$

式中，TS 为目标强度（dB），L 为全长（cm）。据此，本研究阈值－60 dB 对应鱼类全长为 3.94 cm。

运用方差分析对鱼类昼夜及空间差异进行显著性检验；Pearson 相关性检验用于分析各环境变量和鱼类密度、目标强度之间的相关性。上述分析均采用 R3.5.1 软件完成。

将获取的鱼类密度数据，导入 Arcgis 软件，采用反距离加权法（Inverse Distance Weighting，IDW）进行插值运算，以进行空间可视化。

2. 库汉区鱼类的昼夜差异

研究发现鱼类密度昼夜差异不显著（$P>0.05$），昼夜密度均值分别为 105.02±12.59 ind/1000 m^3 和 106.71±16.28 ind/1000 m^3。但目标强度平均值白天大于夜间（$P<0.05$），昼夜目标强度平均值分别为－43.30±0.32 dB 和－44.50±0.26 dB，主要是夜晚－60～－54 dB 的小型鱼类比例增加（－60～－57 dB 和－57～－54 dB 分别增加 9.25%和 4.76%），而白天－54～－48dB 的鱼类比例增加所致（－54～－51 dB 和－51～－48 dB 分别增加 7.42%和 5.27%）（图 3－32，表 3－22）。

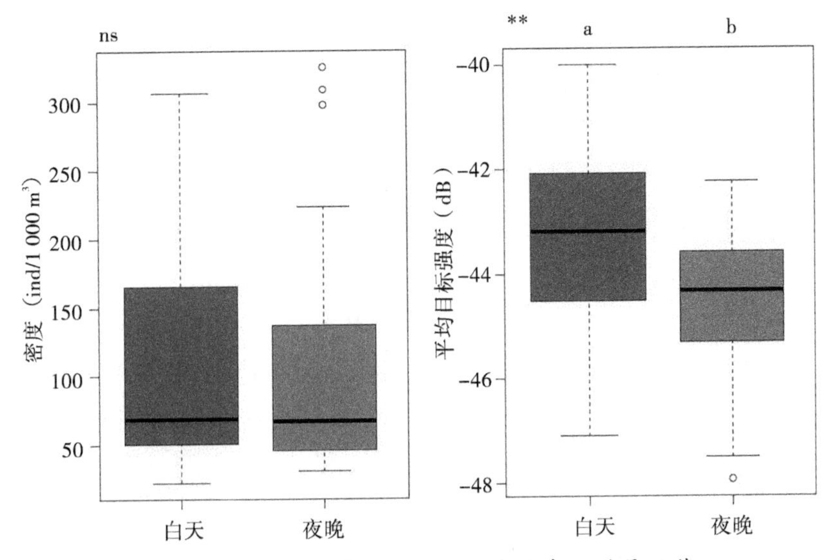

ns 表示差异不显著，* 和不同字母表示差异显著

图 3－32　昼夜水声学探测的密度和目标强度比较

表 3-22 昼夜水声学探测目标强度分布的比较

目标强度（dB）	白天（%）	晚上（%）
−60～−57	12.28	21.53
−57～−54	15.01	19.77
−54～−51	21.56	14.14
−51～−48	16.00	10.73
−48～−45	10.77	10.17
−45～−42	8.29	9.27
−42～−39	6.35	7.12
−39～−36	4.74	4.30
−36～−33	3.48	2.14
−33～−30	1.51	0.82

3. 洪潮江水库鱼类资源量时空差异

双因素方差分析显示季节（F=152.19；$P<0.01$）和区域（IF=102.980；$P<0.01$）鱼类密度差异均显著，各季节鱼类空间分布差值见图 3-33。鱼类平均密度为 121.6 ind/1000 m^3。从时间尺度来看，无论是 2018 年还是 2019 年，10 月鱼类密度均大于 4 月；从空间尺度上，1 号、3 号采样点的鱼类密度要大于 2 号、4 号、5 号、6 号采样点，而下游的 7～9 号采样点的鱼类密度最小（图 3-34、图 3-35，表 3-23、表 3-24）。

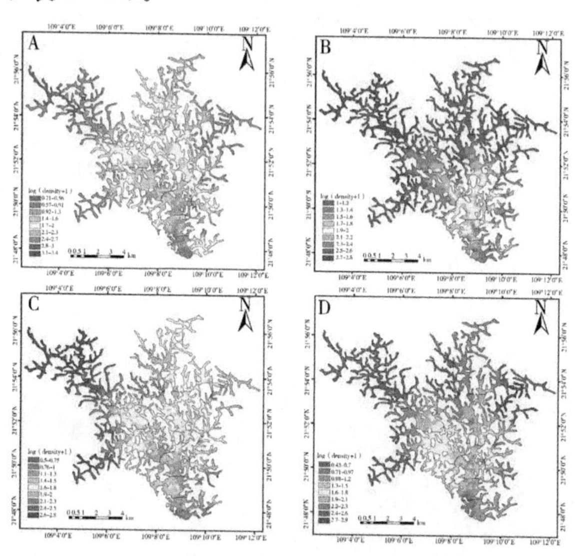

A. 2018 年 4 月；B. 2018 年 10 月；C. 2019 年 4 月；D. 2019 年 10 月

图 3-33 洪潮江水库鱼类分布时空差异比较图

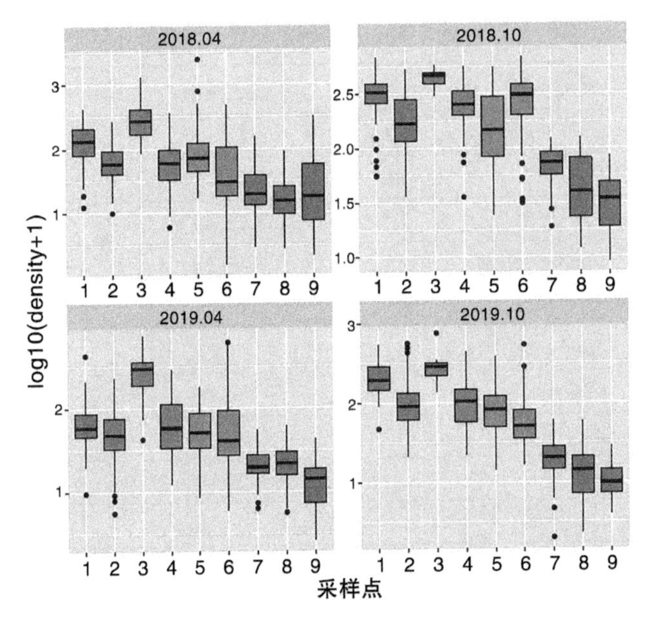

图 3-34 鱼类密度的区域变化

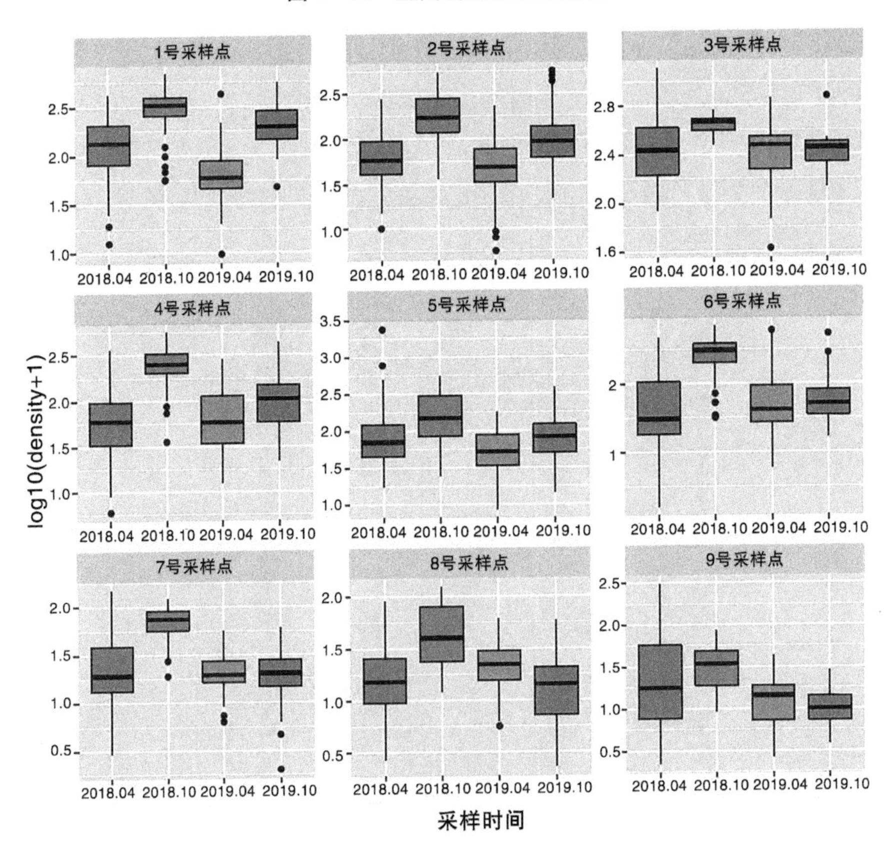

图 3-35 鱼类密度的时间变化

表 3-23　不同调查区域鱼类资源量统计

单位：ind/1000 m^3

采样点	Density	std	r	Min	Max	significance
1	203.3099	139.6081	315	8.69	680.735	b
2	102.7379	98.12721	363	4.644	557.53	d
3	335.4879	176.5689	109	41.616	1279.036	a
4	128.9224	116.4775	271	5.012	564.063	c
5	140.7655	202.4729	203	7.614	2422.986	c
6	135.9369	144.8016	428	0.606	696.315	c
7	33.94216	30.62929	229	0.998	150.046	e
8	26.27004	23.92762	170	1.304	122.514	e
9	34.19949	48.24224	204	1.21	306.51	e

注：不同字母表示差异显著。

表 3-24　不同调查时间鱼类资源量统计

单位：ind/1000 m^3

时间	density	std	r	Min	Max	significance
2018.04	96.63229	141.9864	791	0.606	2422.986	b
2018.10	227.682	155.0567	542	8.2	696.315	a
2019.04	73.47965	92.96928	524	1.649	724.652	c
2019.10	93.03741	110.4785	435	0.998	752.666	b

注：不同字母表示差异显著。

4. 洪潮江水库鱼类资源量空间分布的驱动因素

相关性分析表明营养状态（TLI）是塑造鱼类空间分布的最大的影响因子（$R=0.6$，$P<0.01$），与鱼类资源密度呈正相关，其次浮游动物、叶绿素 a、浮游植物含量与鱼类资源密度的相关性也大于 0.5（R 值分别为 0.58、0.56、0.53，$P<0.01$）。此外，溶解氧、水体透明度与鱼类资源密度呈显著负相关，而总磷、高锰酸盐指数与鱼类资源密度呈显著正相关。通过计算全库区声学探测水深与鱼类密度显示两者也呈显著负相关（图 3-36）。

通过随机森林模型计算各环境因子对鱼类资源空间分布的相对重要性也显示浮游动物生物量、富营养化状态（TLI）、叶绿素 a、浮游植物的贡献最大（图 3-37）。

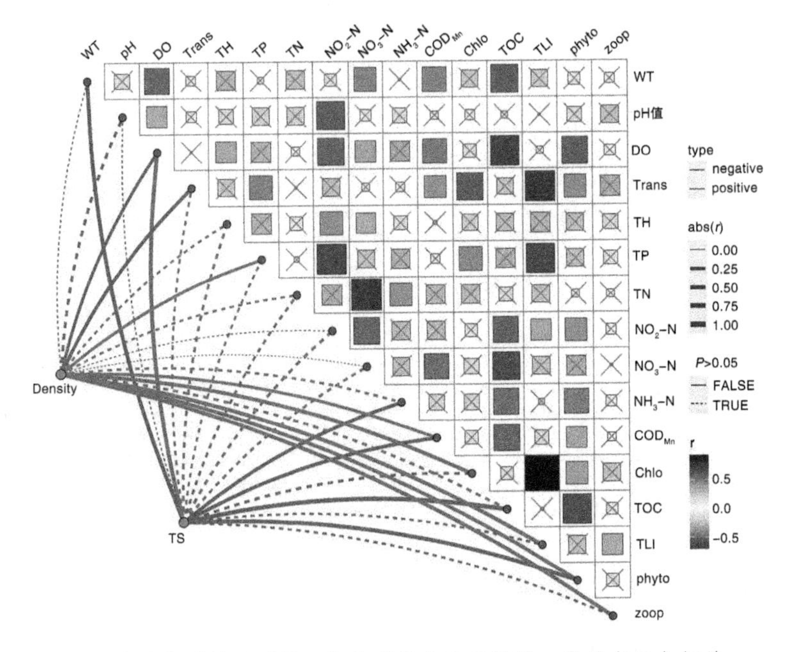

图 3-36　鱼类资源量与环境因子的关联分析

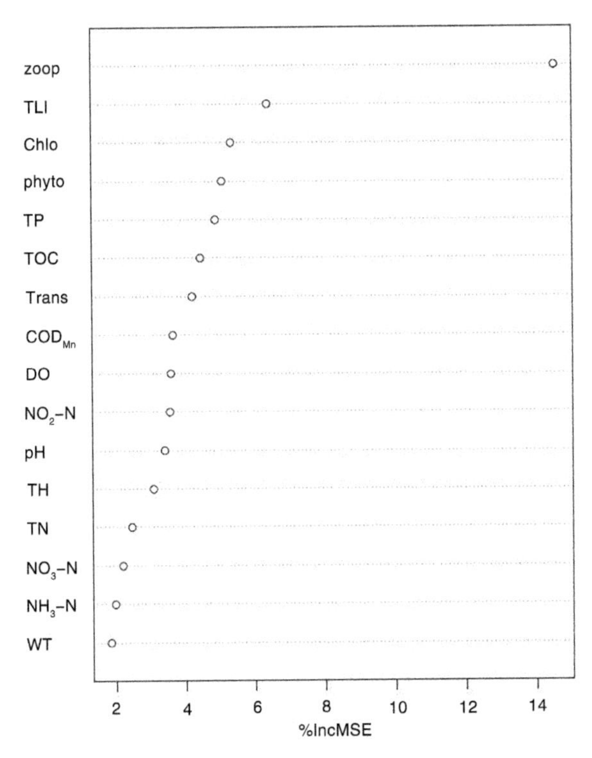

图 3-37　基于随机森林模型的环境因子重要性

5. 总体评价

与传统采样工具相比，水声学方法由于具备直接采样、采集迅速、空间上采样水体大、时间上可连续采集数据、不损伤鱼体等多重优势，因而在鱼类资源和生态学的研究中应用越来越广泛。然而水声学评估的可靠性会受仪器性能、鱼类行为（如集群行为）、环境因素的影响。由于水体流速较缓，通常认为鱼类行为节律是影响湖泊、水库鱼类资源水声学评估结果准确性的首要因素。

为了获取更准确的水声学调查结果，本研究对洪潮江水库鱼类昼夜差异进行了评估。研究结果表明洪潮江水库鱼类昼夜差异并不显著，白天和晚上鱼类密度探测结果分别为 105.02±12.59 ind/1000 m^3 和 106.71±16.28 ind/1000 m^3。但是目标强度（TS）白天显著大于夜晚，目标强度均值分别为－43.30 dB 和－44.50 dB，夜晚小型鱼类的比重明显增加。已有大量研究表明小型鱼类夜晚活动增加与其逃避敌害有关。水声学调查不可能覆盖全部水体，鱼类的集群行为会降低鱼类被水声学仪器探测到的概率，从而低估鱼类资源密度。因此，综合考虑结果的可靠性和走航安全性，洪潮江水库后续水声学调查可选择在白天进行。

网捕法显示洪潮江水库鱼类主要由罗非鱼、须鲫、高体鳑鲏、海南似鱎、拟细鲫、子陵吻虾虎鱼、露斯塔野鲮、海南鲌、斑点叉尾鮰等鱼类组成。由于整个库区较小，对全库区 5 个采样点的抽样调查显示，种类组成的空间差异较小。然而水声学探测结果表明，洪潮江水库鱼类密度表现出了明显的空间差异性，鱼类密度呈现出上游大于下游、库汊大于库心的空间分布格局。对洪潮江水库鱼类分布影响最大的环境因子为营养状态（TLI），与鱼类资源密度呈正相关，其次为浮游动物、叶绿素 a、浮游植物含量（$r>0.5$）。此外，溶解氧、水体透明度与鱼类资源密度呈显著负相关，而总磷、高锰酸盐指数与鱼类资源密度呈显著正相关。浮游动物和浮游植物是鱼类的重要饵料资源、TLI 和总磷、叶绿素浓度、高锰酸盐指数等因子反映的是水体营养物质的多寡或水体初级生产力的大小，营养盐、初级生产力高的水域有利于饵料生物的生长，尤其是叶绿素浓度与鱼类分布关系间接反映了饵料生物与鱼类的分布的相关性。洪潮江水库浅水区不仅可以为鱼类提供必要的栖息地，也会使得它们免受掠食者的捕食，因而鱼类密度往往高于深水区。

总之，水声学调查为评估净水渔业实施区域的渔业资源量变动情况提供了高效的工具，结果表明洪潮江水库鱼类分布呈现较为明显的时空异质性。在空间尺度上，鱼类密度上游＞中游＞坝首。在时间尺度上，秋季鱼类密度（10 月）＞

春季鱼类密度（4 月）。这可能与鱼类的繁殖活动有关，由于鱼类的繁殖而补充群体增多，导致秋季鱼类密度大于同年的春季鱼类密度。此外 2018 年 10 月鱼类密度急剧增加，反映了鲢、鳙放流的影响。浮游动物生物量和水库的营养状态是驱动洪潮江水库鱼类时空分布的主导因子。洪潮江水库鱼类资源量是多种生物因子（如浮游动物、浮游植物等）和非生物因子（如溶解氧、透明度等）共同作用的结果。

（七）鱼类群落结构监测情况

本研究共设置了 5 个鱼类采样点，其中 1 号、2 号采样点位于水库上游，1 号采样点有较多的网箱养殖单元；3 号采样点周边地势平坦，植被好；2 号采样点为洪潮江水库中游，为 1 号、2 号采样点交汇处；4 号采样点为水库下游，洪潮江水库水电站进水口，人类生活区；5 号采样点为洪潮江水库中下游的宽阔水面（图 3 - 38）。

渔获物调查采样时间分别是 2018 年 4 月（春季）、6 月（夏季）、10 月（秋季），以及 2019 年 1 月（冬季）、4 月（春季）、10 月（秋季）和 2020 年 1 月（秋季）对水库 5 个采样点鱼类分布状况进行了 7 次调查。每个采样点分别放置 5 个虾笼网（长 8 m），与一张规格为 2 指网目的单层刺网（长 100 m、高 2 m），每次采样放网、笼时间为 10：00 至次日 10：00。鱼类样品分类鉴定到种，统计数量，个体质量精确至 0.1 g。

因为有部分鱼类难以捕获，因此，除了常规的渔获物调查，还长期进行鱼类多样性的监测，包括市场调查、委托渔民监测等。

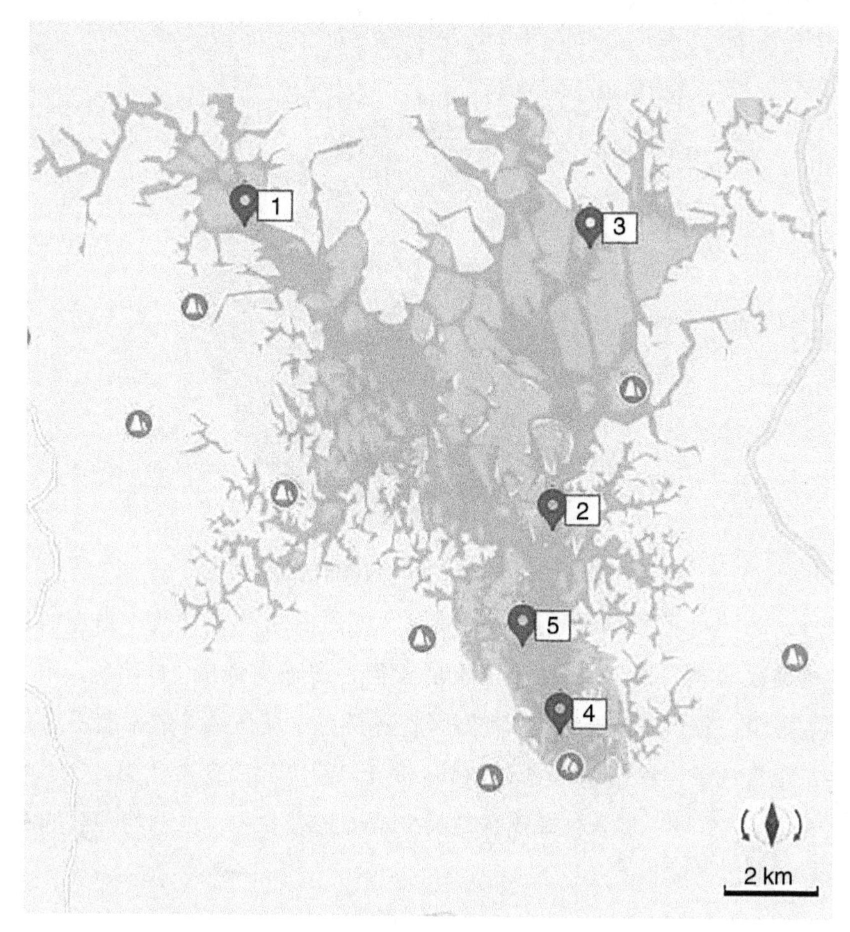

图 3 - 38　洪潮江水库鱼类群落结构调查采样点分布

1. 鱼类系统分类组成

本次鱼类多样性的调查，共发现鱼类 8 目 16 科 41 种。其中鲤形目种类最多，有 23 种，占种类数的 56.10%；其次是鲇形目，有 7 种，占种类数的 17.07%；鲟形目、鲑形目、脂鲤目、合鳃鱼目均只有 1 种（图 3 - 39，表 3 - 25）。值得注意的是，罗非鱼、鳜、革胡子鲇、麦瑞加拉鲮、短盖巨脂鲤、匙吻鲟、斑点叉尾鮰、露斯塔野鲮、食蚊鱼等 11 种鱼均为外来物种，占种类数的 26.83%，特别是罗非鱼在水库泛滥成灾，需及时抑制清除。

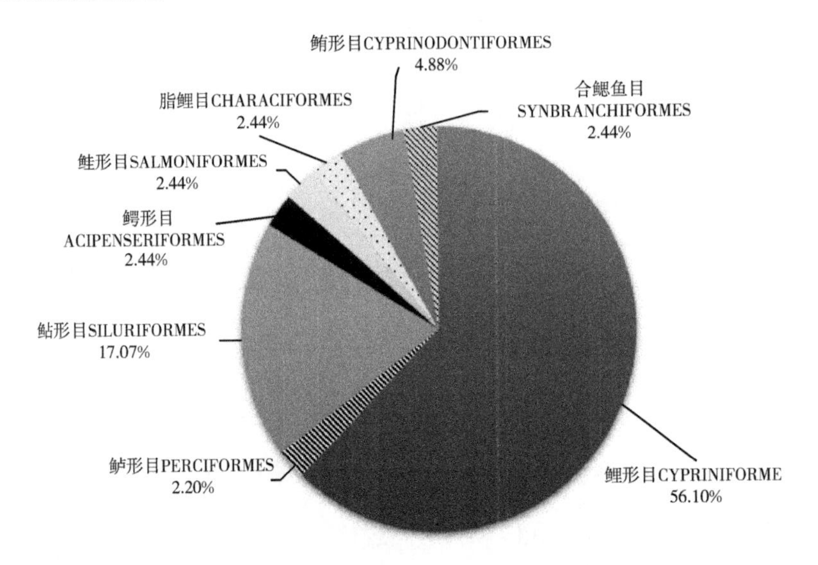

图 3-39　洪潮江水库鱼类群落组成

2018～2020 年监测结果表明，洪潮江水库底栖鱼类在种类中占据的比重最大，占种类数的 36.58%；其次为中下层鱼类，占种类数的 34.15%；中上层鱼类种类数最少，仅占总种类数的 29.27%；各栖息水层鱼类种数相差不大。41 种鱼类中，杂食性鱼类占据总物种数的 48.78%；其次为肉食性鱼类，占总物种数的 36.59%；草食性、滤食性鱼类种数最少，均只有 3 种，占总物种数的 7.32%（表 3-25）。

表 3-25　洪潮江水库鱼类名录及栖息水层与食性

分类单元/物种/拉丁名	栖息水层	食性
鲟形目 Acipenseriformes		
白鲟科 Polyodontidae		
1. 匙吻鲟 *Polyodon spathula*	U	F
鲑形目 Salmoniformes		
银鱼科 Salangidae		
2. 太湖新银鱼 *Neosalanx taihuensis*	U	C
脂鲤目 Characiformes		
脂鲤科 Characidae		
3. 短盖巨脂鲤 *Colossoma brachypomun*	L	O
鲤形目 Cypriniformes		
鳅科 Cobitidae		

续表

分类单元/物种/拉丁名	栖息水层	食性
花鳅亚科 Cobitinae		
4. 泥鳅 *Misgurnus anguillicaudatus*	B	O
鲤科 Cyprinidea		
雅罗鱼亚科 Leuciscinae		
5. 草鱼 *Ctenopharyngodon idellus*	L	H
鱼丹亚科 Danioninae		
6. 马口鱼 *Opsariichthys bidens*	L	O
7. 拟细鲫 *Nicholsicypris normalis*	L	C
鲌亚科 Cultrinae		
8. 细鳊 *Rasborinus lineatus*	U	O
9. 海南似鱼乔 *Toxabramis houdemeri*	U	O
10. 飘鱼 *Pseudolaubuca sinensis*	U	O
11. 餐 *Hemiculter leucisculus*	U	O
12. 海南鲌 *Culter recurviceps*	U	C
鲴亚科 Xenocyprinae		
13. 银鲴 *Xenocypris argentea*	L	H
14. 细鳞鲴 *Xenocypris microlepis*	L	H
鲢亚科 Hypophthalmichthyinae		
15. 鳙 *Aristichthys nobilis*	U	F
16. 鲢 *Hypophthalmichthys molitrix*	U	F
鮈亚科 Gobioninae		
17. 麦穗鱼 *Pseudorasbora parva*	U	O
鱊亚科 Acheilognathinae		
18. 大鳍鱊 *Acheilognathus marcopterus*	L	O
19. 彩石鳑鲏 *Rhodeus lighti*	L	O
鲃亚科 Barbinae		
20. 条纹小鲃 *Puntius semifasciolatus*	L	O
野鲮亚科 Labeoninae		
21. 露斯塔野鲮 *Labea rohita*	B	O
22. 麦瑞加拉鲮 *Cirrhinus mrigala*	B	O
鲤亚科 Cyprininae		

续表

分类单元/物种/拉丁名	栖息水层	食性
23. 鲤 *Cyprinus carpio*	L	O
24. 散鳞镜鲤 *Cyprinus carpio*	L	O
25. 须鲫 *Carassioides cantonensis*	L	O
26. 鲫 *Carassius auratus*	L	O
鲇形目 Siluriformes		
鲇科 Siluridae		
27. 鲇 *Silurus as*OTU*s*	B	C
胡子鲇科 Clariidae		
28. 胡子鲇 *Clarias fuscus*	B	C
29. 革胡子鲇 *Clarias gariepinus*	B	C
鲿科 Bagridae		
30. 黄颡鱼 *Pelteobagrus fulvidraco*	B	C
31. 中间黄颡鱼 *Pelteobagrus intermedius*	B	C
32. 长吻鮠 *Leiocassis longirostris*	B	C
鮰科 Ictaluridae		
33. 斑点叉尾鮰 *Ictalurus punctatus*	B	C
鳉形目 Cyprinodontiformes		
青鳉科 Oryziatidae		
34. 青鳉 *Oryzias latipes*	U	O
胎鳉科 Poeciliidae		
35. 食蚊鱼 *Gambusia affinis*	U	O
合鳃鱼目 Synbranchiformes		
合鳃鱼科 Synbranchidae		
36. 黄鳝 *Monopterus albus*	B	C
鲈形目 Perciformes		
脂科 Serranidae		
37. 鳜 *Siniperca chuatsi*	B	C
丽鱼科 Cichlidae		
38. 尼罗罗非鱼 *Tilapia niloticus*	L	O
鰕虎鱼科 Gobiidae		
39. 子陵吻鰕虎鱼 *Rhinogobius giurinus*	B	C

续表

分类单元/物种/拉丁名	栖息水层	食性
鳢科 Channidae		
40. 斑鳢 *Channa maculate*	B	C
41. 月鳢 *Channa asiatica*	B	C

注：食性方面，C 表示肉食性鱼类，O 表示杂食性鱼类，H 表示草食性鱼类，F 表示滤食性鱼类；栖息水层方面，U 表示中上层鱼类，L 表示中下层鱼类，B 表示底栖鱼类。

2. 鱼类 ABC 曲线

在稳定的水域环境中，生物群落结构可以近似看成平衡，群落的生物量由 1 个或几个大型的种占优势，种内生物量的分布比丰度分布更显优势。若将每个种的生物量和丰度对应作图在 K—优势度曲线上，得出整条生物量曲线位于丰度曲线上方。当群落受到重度污染时，生物量占优势的大个体消失，在数量上占优势的是随机的个体较小的种。在此情况下，种内丰度的分布与生物量的分布优势难分，在 K—优势度曲线上表现为生物量曲线与丰度曲线相互交叉或者重叠在一起。当严重污染时，生物群落的个体数由 1 个或几个个体非常小的种（通常是小型动物）占优势，种内丰度的分布比生物量分布更显优势，在 K—优势度曲线上，丰度曲线整条位于生物量上方。2018～2020 年渔获物构建的 ABC 曲线如图 3-40 所示，鱼类丰度曲线先位于生物量曲线之上，后再进行交叉，W 值均小于 0，鱼类群落受到外来干扰非常严重。在曲线的起点，丰度曲线稍微超过生物量曲线，洪潮江水库主要由生长较快、个体相对较小的鱼类组成。

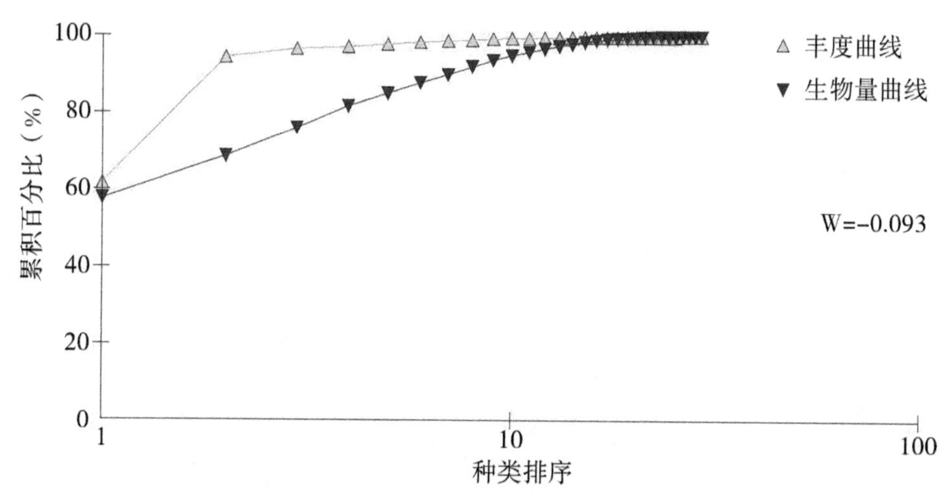

图 3-40　2018～2020 年洪潮江水库渔获物 ABC 曲线

3. 渔获物各种类占比与出现频率

渔获物调查结果显示，在8次调查中，共捕获鱼类29种，远小于长期调查的结果。共捕获鱼类295452.5 g，19878尾（表3－26）。在合计35站次采样中，海南似鱎与罗非鱼均有出现，是洪潮江水库的绝对优势种，并且占据了很大的渔获比例。罗非鱼的相对重要性指数IRI达到了11947.56，质量占比与尾数占比分别为57.76％与61.71％；海南似鱎IRI也达到了4364.12，质量占比与尾数占比分别为10.90％与32.74％。此外，须鲫、子陵吻鰕虎鱼、斑点叉尾鮰、餐鱼、大鳍鱊在调查过程中出现的频率也较高，都超过了50％。仅出现过1次的鱼类有革胡子鲶、鳜、黄尾鲴、泥鳅、条纹小鲃、纹唇鱼、长吻鮠，在不考虑捕捞方法造成误差的前提下，这几种鱼在洪潮江水库中的资源量应该极低，均为中下层鱼类。洪潮江水库由于水流动性差、导致上下层水流交换也较低，水较深的底部溶解氧量极低，不适合鱼类生存，并且水底荒漠化严重，底层鱼类可摄食的饵料生物很少，导致中下层鱼类种群难以发展。

表3－26　洪潮江水库鱼类群落丰度与生物量

种名	质量（g）	尾数（尾）	质量占比（%）	尾数占比（%）	出现次数	IRI
斑点叉尾鮰	21804.5	67	7.38	0.34	19	418.93
餐鱼	2428.3	49	0.82	0.25	22	67.16
赤眼鳟	1616.1	2	0.55	0.01	2	3.18
大鳍鱊	374.2	127	0.13	0.64	19	41.56
革胡子鲶	25.0	1	0.01	0.01	1	0.04
散鳞镜鲤	3227.0	9	1.09	0.05	3	9.75
鳜	7900.0	3	2.67	0.02	1	7.68
海南鲌	16770.2	47	5.68	0.24	12	202.72
海南似鱎	32193.9	6509	10.90	32.74	35	4364.12
胡子鲶	403.0	6	0.14	0.03	5	2.38
黄颡鱼	2122.5	25	0.72	0.13	15	36.18

续表

种名	质量（g）	尾数（尾）	质量占比（%）	尾数占比（%）	出现次数	IRI
黄尾鲴	105.0	1	0.04	0.01	1	0.12
鲫	113.0	4	0.04	0.02	4	0.67
鲤	5887.0	8	1.99	0.04	5	29.04
露斯塔野鲮	2888.6	7	0.98	0.04	3	8.68
罗非鱼	170665.7	12267	57.76	61.71	35	11947.56
马口鱼	311.9	11	0.11	0.06	11	5.06
麦瑞加拉鲮	1280.0	2.0	0.43	0.01	2	2.53
泥鳅	25.0	1	0.01	0.01	1	0.04
拟细鲫	368.7	121	0.12	0.61	17	35.63
条纹小鲃	2.0	1	0.00	0.01	1	0.02
纹唇鱼	52.8	1	0.02	0.01	1	0.07
细鳊	40.0	4	0.01	0.02	3	0.29
须鲫	10074.1	124	3.41	0.62	25	288.11
银鲴	6718.8	29	2.27	0.15	6	41.49
鳙	5212.6	10	1.76	0.05	6	31.11
长吻鮠	380.0	1	0.13	0.01	1	0.38
中间黄颡鱼	1581.1	16	0.54	0.08	9	15.83
子陵吻鰕虎鱼	881.5	425	0.30	2.14	24	167.07

4. 鱼类的空间分布特征

多次调查结果显示，5 个采样点 Shannon-Wiener 多样性指数范围为 0.70～0.99，Pielou 均匀度指数为 0.27～0.34，Simpson 优势度集中指数 0.45～0.65。2 号采样点生物量最高，物种最丰富，但个体数量较少，具有较高的优势度集中指数与较低的 Pielou 均匀度指数。可能因为此处是水库中游，是上游各河汊的交汇处，水位较深，营养物质也比较丰富，导致大规格的捕食者汇聚。3 号采样点个体数量最多但生物量与种类最少，具有最低的 Shannon-Wiener 多样性指数与最高的 Simpson 优势度集中指数，是小型鱼类或者小规格鱼类的聚居地，这与其水位较浅，更容易躲避捕食者有关（表 3－27）。

表 3－27 洪潮江水库鱼类空间分布特征

采样点	种类数	质量占比（%）	数量占比（%）	H'	J'	C
1	17	18.02	22.82	0.93	0.33	0.47
2	21	26.16	19.30	0.93	0.30	0.48
3	14	17.47	23.12	0.70	0.27	0.65
4	19	19.01	15.41	0.98	0.33	0.45
5	19	19.34	19.35	0.99	0.34	0.45

（2）鱼类 ABC 曲线的空间变化。图 3－41 表明，洪潮江水库各采样点鱼类群落都受到较为严重的干扰，W 值在－0.167～－0.021 之间，均小于 0。绝对值最大出现在 2 号采样点，最小出现在 3 号采样点，受干扰程度的采样点排序可以认为 2 号采样点＞4 号采样点＞1 号采样点＞3 号采样点。在空间尺度上，可以明显发现在水库的上游 1 号、3 号采样点受到的干扰较小，而在水库中游 2 号采样点，处于人类活动密集范围与上游流水交汇处，受到的干扰最大，其次为 4 号采样点，属于洪潮江大坝处，人类活动最为频繁，因此受到的干扰较大。ABC 曲线反映出来的结果与洪潮江水库生产现状具有一致性。同时，从曲线起点看，1 号、3 号、5 号采样点的累积生物量曲线起点高于丰度曲线起点，表明该 3 个区域鱼类个体相对较大；2 号、4 号采样点的累积丰度曲线起点高于生物量曲线起点，表明这 2 个区域鱼类个体相对较小，人类活动（如捕捞活动、围网养殖等）会影响鱼类规格。

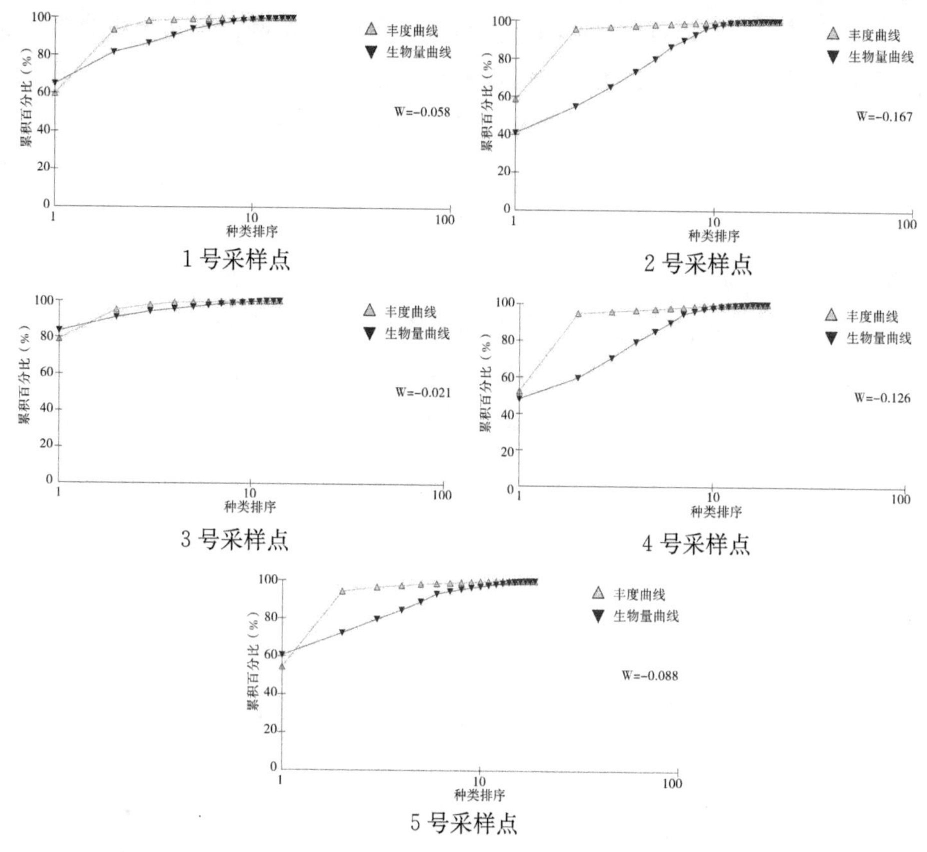

图 3-41　洪潮江水库鱼类 ABC 曲线空间变化

5. 鱼类的时间分布特征

2018 年与 2019 年分别调查了 3 次，2020 年仅调查了 1 次。监测到的物种的数量与调查的努力量呈正相关。由表 3-28 可知，随着净水渔业项目的开展，可监测到的鱼类种类数目呈上升趋势，2020 年仅调查 1 次就监测到 22 种鱼类，Shannon-Wiener 多样性指数与 Pielou 均匀度指数呈上升趋势，Simpson 优势集中度指数总体而言呈下降趋势。

表 3-28　洪潮江水库鱼类时间分布特征

时间	种类数	H'	J'	C
2018 年	21	0.72	0.24	0.65
2019 年	24	0.96	0.30	0.45
2020 年	22	1.01	0.33	0.55

（2）鱼类 ABC 曲线的时间变化。图 3－42 表明，洪潮江水库鱼类群落在春季受到的干扰较轻，4 月鱼类市场需求较小，并且鱼类处于快速生长、繁殖期，捕捞活动较少。夏季、秋季、冬季都受到较为严重的干扰，W 值为－0.151～0，绝对值最大出现在冬季。冬季为主要的捕捞季节，此时市场需求较大，鱼类经济效益更好，捕捞活动最为频繁，其次为夏季与秋季。从曲线起点看，春季的累积生物量曲线起点高于丰度曲线起点，表明该季节鱼类个体相对较大；夏季、秋季、冬季的累积丰度曲线起点高于生物量曲线起点，这 3 个季节的鱼类个体相对较小，鱼类 ABC 曲线的时间变化趋势受市场需求与人类养殖管理影响。

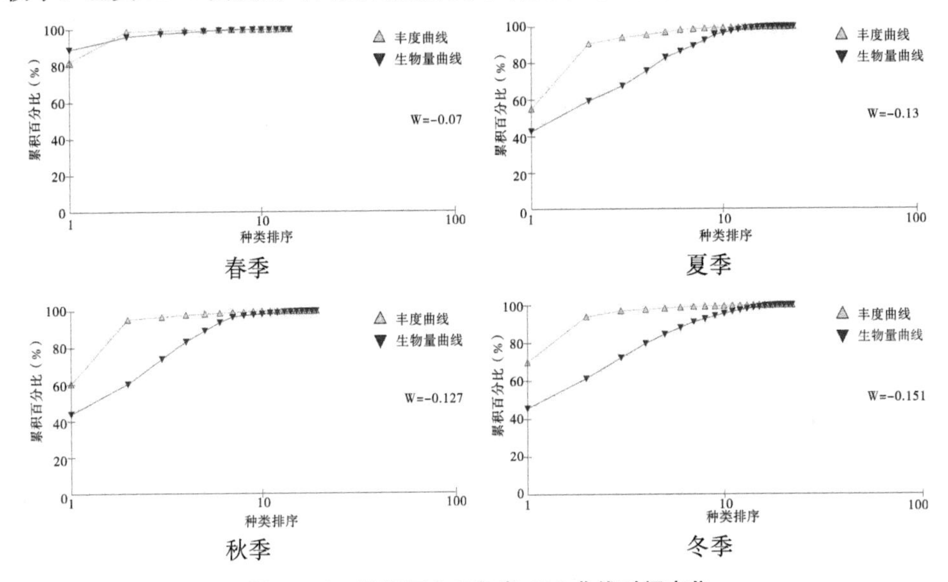

图 3－42　洪潮江水库鱼类 ABC 曲线时间变化

6. 部分优势种的资源变动

（1）罗非鱼与海南似鱎分布的时间差异。罗非鱼与海南似鱎在洪潮江水库的渔获物调查中占据了绝对的优势，其中罗非鱼质量占比与尾数占比在本次调查中均超过了 50%，在 2018 年的调查中占比最高，2019 年的调查中占比最低，总体而言，其相对重要性指数 IRI 有所降低。而海南似鱎在 2019 年的调查中占比最高，在 2020 年的调查中占比最低，相对重要性指数 IRI 显著降低。

表 3-29 洪潮江水库优势鱼类资源变动

罗非鱼	2018 年	2019 年	2020 年	平均
质量占比（%）	84.45	35.96	43.43	57.76
尾数占比（%）	78.42	44.27	72.66	61.71
IRI	16286.99	8023.40	11609.41	11947.56
海南似鱎	**2018 年**	**2019 年**	**2020 年**	**合计**
质量占比（%）	6.76	20.29	2.83	10.90
尾数占比（%）	17.27	50.59	14.04	32.74
IRI	2403.27	7088.02	1687.01	4364.12

（2）几种常见鱼类生长方程。鱼类体长—体重关系通常用函数 $W=bL^a$ 来描述，其中 W、L 分别表示体重和体长，a 值的大小通常被用来判断鱼类生长发育的均匀性。若 $a=3$，表示鱼类处于等速生长；若 $a>3$，表示鱼类处于弱异速生长；若 $a<3$，表示鱼类处于强异速生长。a 值在雌雄之间、种类之间、幼鱼和成鱼之间均存在差异。鱼类从幼鱼至成鱼的生长发育过程可以概括为异速生长→匀速生长→异速生长。鱼类生长发育的不同时期，身体结构、食性、生长速率等都会有明显的变化。鱼类在不同的生长阶段，a 值不相同，低龄鱼 a 值偏小，高龄鱼 a 值偏大，若计算样本包括了所有的年龄范围，a 值将趋向于 3。

不同鱼类体长（L）—体重（W）生长方程如下：

中间黄颡鱼：$W=0.0194L^{2.977}$，$R^2=0.8622$；

斑点叉尾鮰：$W=0.0291L^{2.7686}$，$R^2=0.8831$；

银鲴：$W=0.0053L^{3.3991}$，$R^2=0.7286$；

海南鲌：$W=0.0044L^{3.3354}$，$R^2=0.9686$；

黄颡鱼：$W=0.0206L^{2.9312}$，$R^2=0.9766$；

须鲫：$W=0.028L^{3.0932}$，$R^2=0.947$。

中间黄颡鱼、黄颡鱼、须鲫生长曲线中的幂指数值 a 分别为 2.977、2.9312、3.0932，为等速生长，这可能与这 3 种鱼用于统计的样本囊括的年龄段较多、规格更为完整有关；银鲴、海南鲌规格较大，主要为高龄鱼，生长曲线的幂指数值 a 均大于 3，为弱异速生长；斑点叉尾鮰主要以较小规格的低龄鱼为主，生长曲线的幂指数值 a 为 2.7686，为强异速生长。

（3）几种常见鱼类空间分布。洪潮江水库几种常见鱼类生物量与丰度的空间分布如图 3-43 所示，斑点叉尾鮰被捕获的生物量较高，其次为海南鲌，黄颡鱼与中间黄颡鱼被捕获的生物量最少。1 号、3 号采样点位于水库的上游，水位较浅，水体初级生产力不高，常见鱼类的生物量分布较小；大部分的鱼类比较喜欢栖息于 4 号采样点，此处水位较深，并且有生活污水汇入，营养物质吸引了大量的饵料生物汇集；其次为 2 号采样点，此处是与水流交汇的大水面位置，水体交换较好，营养物质也较为丰富。鱼类的丰度雷达图显示，须鲫在所有采样点均有捕获，并且捕获数量在这几种鱼类中占据第一。其次斑点叉尾鮰捕获量也较高。捕获数量最少的是中间黄颡鱼与黄颡鱼，这 2 种鱼生活习性类似，但是数量分布却有所差别，黄颡鱼主要在 1 号采样点被捕获，中间黄颡鱼反而在 1 号采样点分布最少。其他 4 种鱼类的数量分布基本一样，主要分布在 2 号、4 号、5 号这 3 个采样点，与生物量分布的趋势一致。

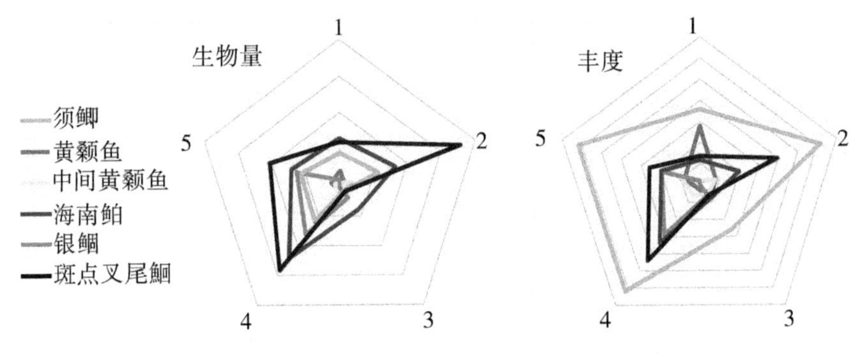

图 3-43　洪潮江水库部分常见鱼类空间分布

7. 小结

净水渔业项目实施的过程中，在洪潮江水库共监测到鱼类 8 目 16 科 41 种。其中鲤形目种类最多，有 28 种，占种类数的 56.10%；其次是鲈形目，有 5 种，占种类数的 12.20%。尼罗罗非鱼与海南似鱎是该水库的绝对优势种，相对重要性指数 IRI 分别为 11947.56 与 4364.12，质量占比分别为 57.76%与 10.90%，尾数占比分别为 61.71%与 32.74%。在洪潮江水库投放了大量的鲢、鳙净化水质后，这 2 种绝对优势种的相对重要性指数 IRI 有所降低。

在鱼类的空间尺度上，2 号采样点生物量最高，物种最丰富，但个体数量较少，具有较高的 Simpson 优势度集中指数与较低的 Pielou 均匀度指数。可能因为此处是水库中游，是上游各河汊的交汇处，水位较深，营养物质也比较丰富，导致大规格的捕食者汇聚所致。3 号采样点个体数量最多但生物量与种类最少，具有最低的 Shannon-Wiener 多样性指数与最高的 Simpson 优势度集中指数，是小型鱼类或者小规格鱼类的聚居地，这与其水位较浅，更容易躲避捕食者有关。在时间尺度上，随着净水渔业项目的开展，监测到的鱼类种类数目呈上升的趋势，2020 年仅调查 1 次就监测到 22 种鱼类，Shannon-Wiener 多样性指数与 Pielou 均匀度指数呈上升趋势，Simpson 优势集中度指数总体而言呈下降趋势。随着时间的推移，洪潮江水库的罗非鱼与海南似鳊这 2 个绝对优势种的相对重要性指数 IRI 有所下降也说明这一点。

鱼类 ABC 曲线显示，洪潮江水库鱼类群落受外来干扰非常严重。在空间尺度上，受干扰程度的排序为 2 号采样点>4 号采样点>1 号采样点>3 号采样点。明显发现在水库的上游 1 号、3 号采样点受到的干扰较小，而在水库中游 2 号采样点受到的干扰最大，其次为 4 号采样点。鱼类 ABC 曲线反映出来的结果与洪潮江水库生产现状具有一致性。同时，从曲线起点看，1 号、3 号、5 号采样点的累积生物量曲线起点高于丰度曲线起点，表明该 3 个区域鱼类个体相对较大；2 号、4 号采样点的累积丰度曲线起点高于生物量曲线起点，表明这 2 个区域鱼类个体相对较小，人类活动（如捕捞活动、围网养殖等）会影响鱼类规格。在时间尺度上，洪潮江水库鱼类群落在冬季受到干扰最严重，与此同时为主要的捕捞季节，捕捞活动最为频繁；其次为夏季与秋季。春季的累积生物量曲线起点高于丰度曲线起点，表明该季节鱼类个体相对较大；夏季、秋季、冬季的累积丰度曲线起点高于生物量曲线起点，这 3 个季节鱼类个体相对较小，鱼类 ABC 曲线的时间变化趋势受市场需求与人类养殖管理影响。

水库中常见的几种鱼类体长—体重生长曲线显示，中间黄颡鱼、黄颡鱼、须鲫为等速生长；银鮈、海南鲌为弱异速生长；斑点叉尾鮰为强异速生长。这几种鱼类生物量与丰度的空间分布和鱼类 ABC 曲线所显示的鱼类群落受干扰程度相关，主要分布于受干扰更为严重的中下游区域，在上游区域分布较少。

随着净水渔业项目的开展，水库中可监测到的鱼类种类数呈上升趋势，Shannon-Wiener 指数与 Pielou 均匀度指数均有所上升，Simpson 优势度集中指数有所降低，表明该项目的开展对水库鱼类群落结构具有较大的影响，对修复食物链、食物网有一定的贡献，对生态系统的健康稳定发展具有促进作用。同时，绝对优势种相对重要性指数 IRI 下降，表明净水渔业项目实施的过程中，对均衡水域生态系统中环境因素在各物种中的平衡起到积极作用。鱼类 ABC 曲线与常见鱼类的空间分布也再次证明人为活动会影响鱼类群落结构的稳定与鱼类分布。

（八）鲢、鳙生长监测情况

1. 鲢、鳙生长方程

洪潮江水库放养的鲢、鳙，均表现为负异速增长，生长指数在1.8372～2.9834之间。2019年，鲢、鳙均表现出负异速生长，即体长的增长快于体质量的增加，尤其是鳙。这可能与鲢、鳙的摄食偏好和水库中饵料生物的组成相关。2020年，鲢、鳙鱼的生长近似等速生长，即体长和体质量增加等速。

鲢各年度体长（L）—体重（W）生长方程如下：

2019年：$W=0.0373L^{2.8641}$，$R^2=0.6749$

2020年：$W=0.0206L^{2.9665}$，$R^2=0.9170$

鳙各年度体长—体重生长方程如下：

2018年：$W=0.1764L^{2.3765}$，$R^2=0.6808$

2019年：$W=2.0011L^{1.8372}$，$R^2=0.5063$

2020年：$W=0.0213L^{2.9834}$，$R^2=0.9770$

2. 鲢、鳙肥满度比较

一般认为，鲢主要摄食浮游植物，鳙主要摄食浮游动物。表3-30显示，2020年测量的洪潮江水库放养鲢、鳙的肥满度系数K分别为1.59±0.16、1.78±0.16，鳙的肥满度较高，提示洪潮江水库当时的浮游生物能为其中放养的鳙个体提供更充足的饵料。

表3-30　2020年洪潮江水库鲢、鳙肥满度

物种	体长范围（cm）	体重范围（g）	去内脏重范围（g）	肥满度系数K
鲢	41.0～47.0	1174～2005	1045～1776	1.59±0.16
鳙	27.5～69.0	363～6142	335～5486	1.78±0.16

表3-31显示，洪潮江水库2020年的鲢、鳙肥满度与年龄有一定的相关性，鳙的肥满度在不同的年龄阶段具有较大差异，随着年龄的增加肥满度系数K也有所上升，在1.29±0.39至2.04±0.58之间；鲢的肥满度随着年龄的增长差异不大，在1.35±0.11至1.40±0.06之间。在1龄之前，鳙肥满度低于鲢，而1龄之后，鳙肥满度高于鲢，并且随着年龄的增长相差越大。

表 3-31　2020 年不同年龄的洪潮江水库鲢、鳙肥满度

物种	年龄	体长范围（cm）	体重范围（g）	去内脏重范围（g）	肥满度系数 K
鳙	1+	39.36～63.73	924～1475	874～1366	1.29±0.39
	2+	42.48～63.00	1232～3638	1161～3479	1.43±0.07
	3+	46.14～60.06	2422～3156	2273～2979	2.04±0.58
鲢	1+	46.77～51.27	1570～1957	1422～1785	1.35±0.11
	2+	45.33～58.02	1408～3573	1247～2662	1.34±0.08
	3+	48.00～62.24	1600～4240	1462～3315	1.40±0.06

3. 小结

2020 年洪潮江水库放养鲢、鳙的肥满度系数 K 分别为 1.59±0.16、1.78±0.16，鳙的肥满度较高。鲢、鳙肥满度与年龄有一定的相关性，鳙的肥满度在不同的年龄阶段具有较大差异，随着年龄的增加肥满度系数 K 有所上升，在 1.29±0.39 至 2.04±0.58 之间；鲢的肥满度随着年龄的增长差异不大，在 1.35±0.11 至 1.40±0.06 之间。在 1 龄之前，鳙肥满度低于鲢，而 1 龄之后，鳙肥满度高于鲢，并且随着年龄的增长相差越大。

洪潮江水库放养的鲢、鳙，均表现为负异速增长，生长指数在 1.8372～2.9834 之间。2020 年，鲢、鳙的生长近似等速生长。2019 年，表现为负异速生长，即体长的增长快于体重的增加，尤其是鳙，这可能与鲢、鳙的摄食偏好和水库中饵料生物的组成相关。同时也显示，洪潮江水库放养的鲢、鳙数量可能已经达到一个阈值，浮游生物供给不足，建议适当减少放养规模。

第四章　微生物在净水渔业系统中功能探索

一、洪潮江水库浮游细菌监测

微生物在净水渔业生态系统中发挥着重要作用，但对其具体功能的探索少见报道。全面了解水生态系统中浮游细菌群落多样性、分布特征及其对环境因子的响应，对于管理和维护水域生态环境具有深远的意义。本研究基于 16S rDNA 高通量测序技术，对洪潮江水库浮游细菌群落组成、多样性、空间分布特征及其影响因素进行了分析，以期为保护洪潮江水库水生态环境提供科学参考。

（一）材料与方法

1. 水体样本采集和理化指标测定

于 2019 年 4 月在洪潮江水库设置 9 个浮游细菌采样点，位置同前文水质采样点，其中 1 号和 3 号采样点为水库上游采样点，2 号、4 号、6 号采样点位于水库中游，5 号、7 号、8 号、9 号采样点位于水库下游。使用采水器采集表层（0.6 m）水样 2 L，其中 500 mL 水样经 0.22 um 微孔滤膜过滤，液氮速冻运输后置于－80℃冰箱用于 DNA 提取，其他水样用于理化指标测定。参照标准方法，测定水样总氮、铵氮（NH_3-N）、总磷、高锰酸盐指数，以及叶绿素 a 含量、总硬度（TH）、亚硝酸盐氮（NO_2-N）、硝酸盐氮（NO_3-N）等理化指标。透明度（Trans）采用塞氏盘，浊度（Turb）采用浊度计，水温（WT）、pH 值、溶解氧、氧化还原电位（ORP）、电导率（SPC）、总溶解固体（TDS）、盐度（Salinity）采用 YSI proplus 现场测定。

2. 高通量测序

从样本中提取基因组 DNA 后，用带有 barcode 的特异引物扩增 16S rDNA 的“V3 + V4”区。引物序列 341F：CCTACGGGNGGCWGCAG；806R：GGACTACHVGGGTATCTAAT。然后 PCR 扩增产物切胶回收，用 QuantiFluorTM 荧光计进行定量。将纯化的扩增产物进行等量混合，连接测序接头，构建测序文库，使用广州基迪奥生物科技有限公司 Hiseq2500 PE250 上机测序。

3. 统计分析

测序得到 raw reads 之后，使用 FASTP（https://github.com/OpenGene/fastp）对低质量 reads 进行过滤，然后运用 FLASH 进行组装和 QIIME 再过滤，以保证利用最有效数据聚类成可操作分类单元（OTU，Operational Taxonomic Units）。使用 UPARSE 流程以 97%相似性将优化序列划分 OTU，采用 RDP classifier 贝叶斯算法对照 Silva 数据库以 80%置信度对 OTU 代表序列进行物种分类注释。为避免各样品生物量的差异，按最小样本序列数进行样本序列抽平处理，得到标准化数据后进行后续统计分析。基于 OTU 进行稀释性曲线分析，计算覆盖度（Coverage）、Chao1 丰富度指数和 Shannon-Wiener 多样性指数。采用单因素方差分析进行不同分组细菌多样性指数显著性检验，利用 R 语言的"Vegan"软件包进行基于 Bray-Curtis 距离的 PCoA 分析，通过 Person 相关分析和 Mantel 分析研究环境因子与细菌群落的关系。

（二）结果

1. 水体理化性质

洪潮江水库春季 9 个采样点的水体理化指标见表 4-1。采用综合营养状态指数法进行水质评价，除上游 1 号、3 号采样点 TLI>50 为轻度富营养型外，其他采样点均为中营养型（30≤TLI（∑）≤50）。

表 4-1 洪潮江水库各采样点水体理化因子

理化因子	1号	2号	3号	4号	5号	6号	7号	8号	9号
Trans	0.5	0.75	0.6	0.6	1.45	0.7	1.2	1.2	1.3
Turb	22.7	11.6	21.6	17.1	5.79	21.3	7.46	6.39	5.04
TP	0.038	0.014	0.07	0.03	0.02	0.02	0.01	0.021	0.01
TH	9.22	13.3	17.4	10.5	11	10	9.42	9.22	11.1
TN	0.79	0.84	0.86	0.81	0.8	0.83	0.91	0.85	0.79
NO_2-N	0.021	0.025	0.05	0.032	0.019	0.029	0.019	0.018	0.015
NO_3-N	0.385	0.548	0.598	0.594	0.56	0.543	0.545	0.583	0.55
NH_3-N	0.12	0.104	0.192	0.157	0.168	0.147	0.115	0.131	0.136

续表

理化因子	1号	2号	3号	4号	5号	6号	7号	8号	9号
COD_{Mn}	2.95	3.79	3.03	2.78	1.94	2.77	2.53	2.36	2.4
Chl a	39.325	25.250	43.046	18.086	20.916	8.429	15.355	11.268	8.620
WT	27.1	28.2	27.8	27.6	28.4	28.0	27.1	26.3	26.1
pH 值	7.97	8.41	9.18	8.96	8.61	8.91	8.39	8.48	8.82
DO	8.45	9.49	9.053	9.70	9.88	10.10	9.20	10.01	9.82
ORP	238.6	112.8	51.6	78.9	85.3	98.6	106.8	119.8	98.8
SPC	42.7	43.6	68.2	46.1	39.0	44.5	40.4	40.5	39.5
TDS	27.30	27.95	44.2	29.90	25.35	29.25	26.00	26.00	26.00
Salinity	0.02	0.02	0.03	0.02	0.02	0.02	0.02	0.02	0.02
TOC	3.068	2.898	2.939	4.3055	2.610	2.7185	2.001	2.266	2.328
TLI	54.62156	46.98365	57.57332	48.91343	44.25194	42.66739	40.52824	42.40992	37.27673

2. 细菌种类组成与多样性

对洪潮江水库水体样品获得的数据进行处理，得到有效序列总计 936565 条，每个样品的序列在 77970～133598 条之间。经物种注释，隶属于 28 门，79 纲，168 纲，243 科，325 属，85 种。在门水平，优势门为变形菌门（Proteobacteria）、放线菌门（Actinobacteria）、蓝细菌（Cyanobacteria）、疣微菌门（Verrucomicrobia）、拟杆菌门（Bacteroidetes）、浮霉菌门（Planctomycetes），分别占比 21.95%、21.30%、17.98%、12.27%、11.72%、9.51%，合计 94.73%，其余门占比均小于 2%（图 4-1）。

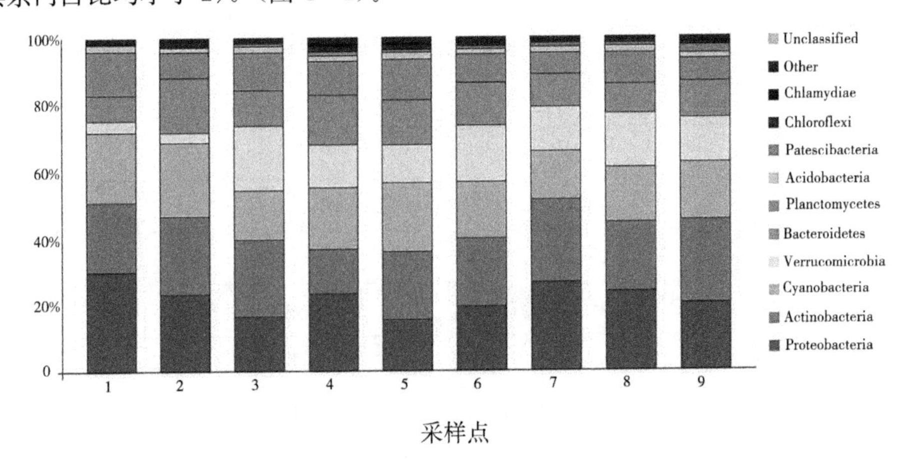

图 4-1 洪潮江水库各采样点门水平组成

洪潮江水库浮游细菌的多样性指数见表4-2。由表4-2可知全部样品的覆盖率指数大于99%，表明测序结果有较好的代表性。方差分析表明，各指数在不同区域的差异不显著（$P>0.05$）。

表4-2 浮游细菌群落的多样性指数

区域	采样点	Sobs指数	Shannon-Wiener多样化指数	Simpson指数	Chao1指数	Ace指数	goods-coverage指数
US	1	1203	6.741929	0.972995	1550.357	1632.688	0.995387
US	3	1107	6.649586	0.970162	1470.951	1456.885	0.995864
MS	2	1008	6.576111	0.971958	1333.190	1357.475	0.996162
MS	4	1169	7.200611	0.985372	1537.765	1545.107	0.995738
MS	6	1123	6.749084	0.977504	1635.468	1527.970	0.995415
DS	5	1072	6.839870	0.979151	1391.444	1375.152	0.996251
DS	7	1115	6.567637	0.972896	1488.500	1493.219	0.995724
DS	8	1066	6.668293	0.976147	1408.366	1397.403	0.996149
DS	9	1090	6.883389	0.979686	1403.636	1412.684	0.996148

注：US代表上游；MS代表中游；DS代表下游。

3. 群落结构

基于Bray-Curtis距离的PCoA分析表明，洪潮江水库9个采样点可分为3组，分别是上游的US组（1号、3号采样点），中游的MS组（2号、4号、6号采样点），以及下游的DS组（5号、7号、8号、9号采样点），说明细菌群落呈现沿上下游变化的趋势（图4-2）。检验显示，各组差异显著（$F=4.6213$；$R^2=0.6064$；$P=0.0010$）。对3组样本差异的细菌进行统计分析，发现US与MS差异细菌有Verrucomicrobia和Patescibacteria，Verrucomicrobia和Patescibacteria在MS组均显著高于US组；US组与DS组差异细菌有Cyanobacteria和Verrucomicrobia，Cyanobacteria在DS组中显著低于US组，而Verrucomicrobia在DS组中显著高于US组；DS与MS差异细菌有Planctomycetes，其在DS组中显著低于MS组（图4-3）。

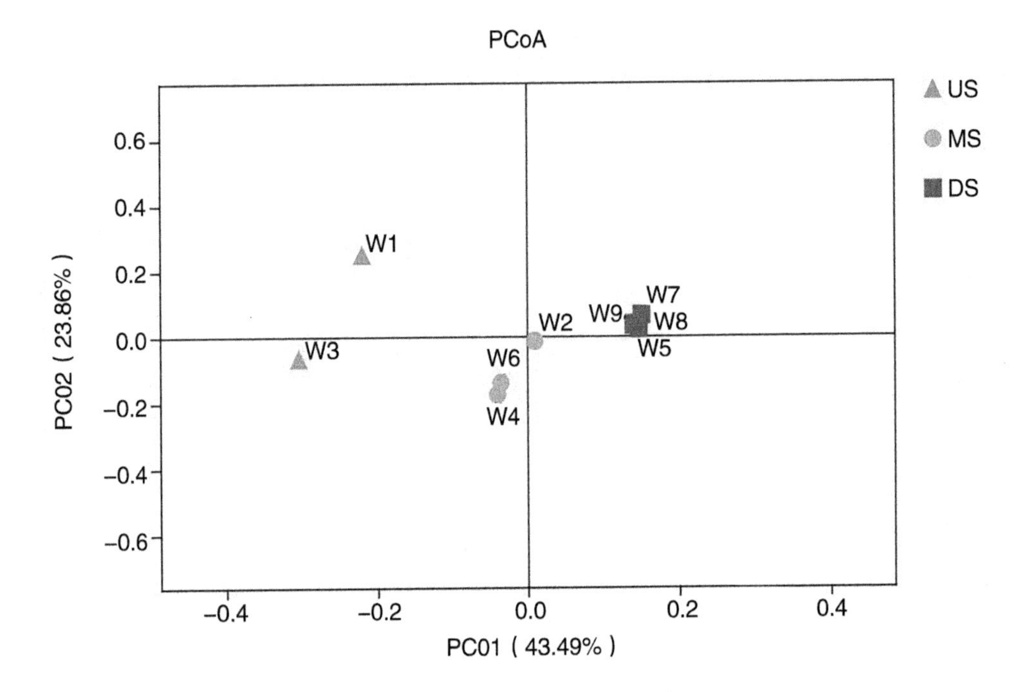

图 4-2　浮游细菌群落结构的主坐标分析

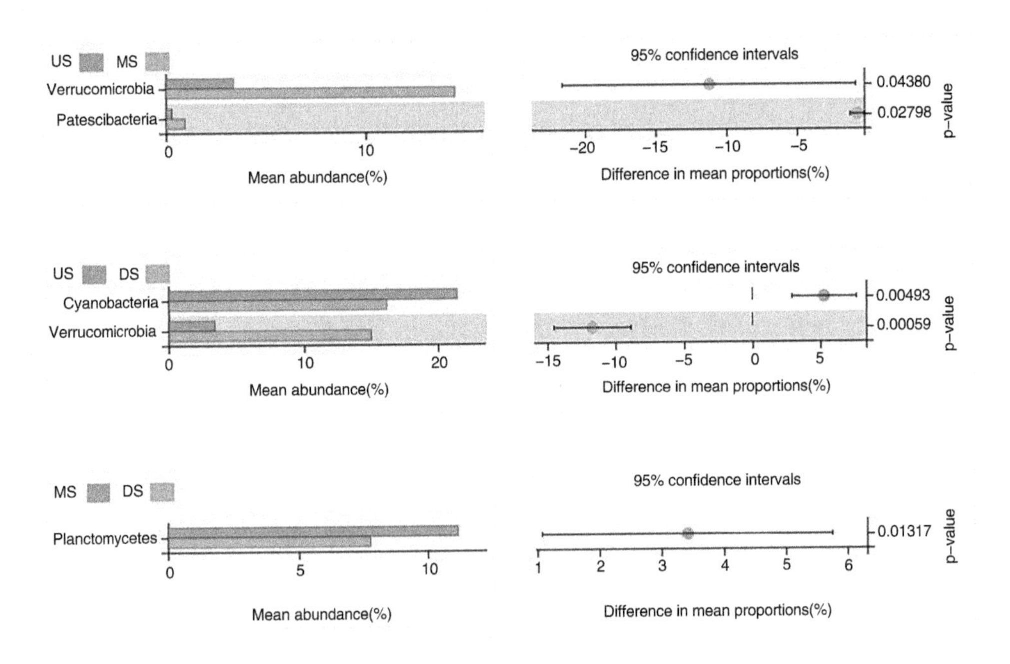

图 4-3　各组差异物种（门水平）分析

4. 浮游细菌群落结构和功能与环境因子关联分析

Mantel 分析表明，Trans、Turb、TP、NO_2-N、NO_3-N、Chla、pH 值、DO、ORP、SPC、TDS、TLI 会显著影响浮游细菌群落结构（图 4－4，$P<0.05$）。

为进一步了解浮游细菌对环境的响应特征，对各细菌与环境因子进行相关性分析。结果显示：Proteobacteria 与 DO 呈显著的负相关；Actinobacteria 与 TOC 呈显著负相关；Cyanobacteria 与 Turb 和 TP 呈显著正相关；Verrucomicrobia 与 Turb、TP、Chla 呈显著正相关，与 DO 呈显著负相关；Bacteroidetes 与 NO_2-N、NH_3N、pH、SPC、TDS 呈显著正相关，与 ORP 呈显著负相关（图 4－4、图 4－5））。

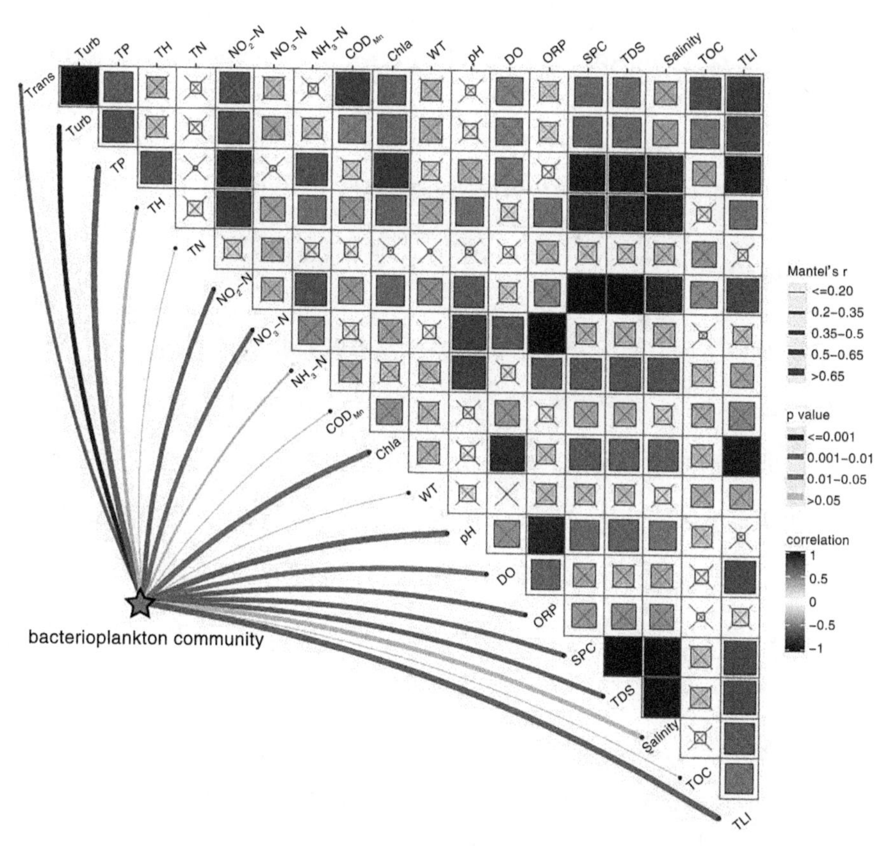

图 4－4　环境因子相关性及环境与群落关系的 Mantel 分析

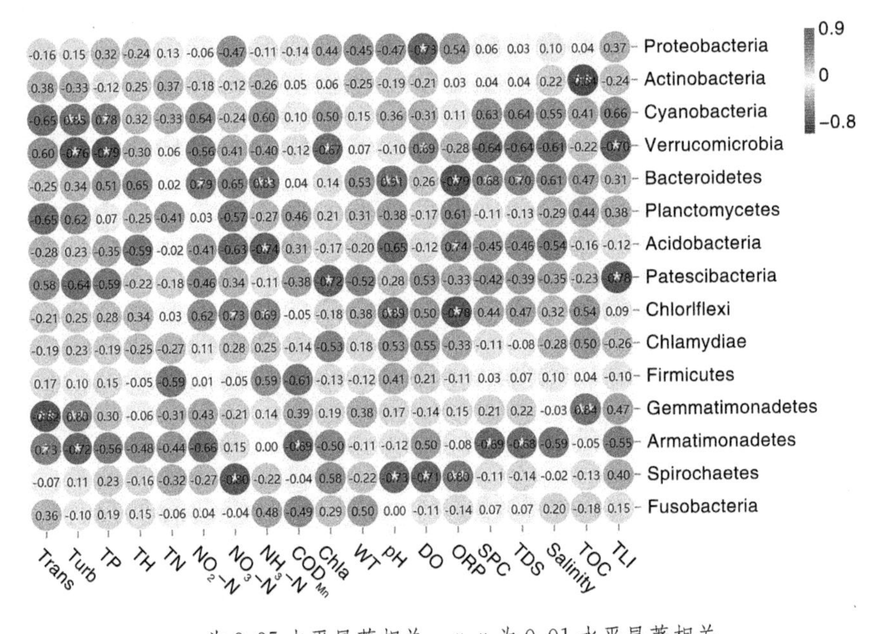

＊为 0.05 水平显著相关，＊＊为 0.01 水平显著相关

图 4-5　门水平物种与环境的相关性（丰度排名≤15）

（三）讨论

为了解洪潮江水库水质状况，采用综合营养状态指数法进行评价，发现水库TLI 均值为 46.14，处于中营养化状态。据报道，2004 年以后经济快速发展，造成大量氮、磷营养盐排入水体，导致库区富营养化严重。主要在于放火炼山种植速生桉和非法采矿等活动造成的水土流失，以及生活废水、养殖污水直排入库等原因。该结果表明洪潮江水库一系列的管理措施取得了一定的效果，如投饵养殖的被取缔，以及以鲢、鳙为主体的净水渔业的实施，使库区水质能得到一定的恢复。

洪潮江水库浮游细菌主要由 Proteobacteria、Actinobacteria、Cyanobacteria、Verrucomicrobia、Bacteroidetes、Planctomycetes 组成，分别占比 21.95%、21.30%、17.98%、12.27%、11.72%、9.51%。与丹江口水库（陈兆进等，2017）和三峡水库（罗芳等，2019）优势菌门组成类似，也符合典型湖泊、河流等淡水水体中浮游细菌群落组成的规律。但是洪潮江水库第一优势菌门为 Proteobacteria，而丹江口水库和三峡水库第一优势菌门为 Actinobacteria，在太湖等富营养化较高甚至出现蓝藻水华的水域，蓝藻门往往成为优势菌群。

PCoA分析表明，洪潮江水库9个采样点的浮游细菌可以划分为3个组，第一组US组2个采样点，位于水库上游库汊区；第二组MS组3个采样点，位于水库中游区域；第三组DS组4个采样点，位于水库下游区域。浮游细菌群落结构空间分布呈现上下游梯度格局。造成这一空间分布的原因可能与水库的理化因子和农业活动有关。上游库汊区US组（1号、3号采样点）营养状态由于网箱养殖、围汊养鸭等生产活动，造成大量氮、磷营养盐排入水体，而呈现富营养化（王晓辉等，2010；何安尤等，2012；张益峰等，2014），使得US组与其他区域显著区分。而下游区域DS（5号、7号、8号、9号采样点）为净水渔业示范区，通过投放鲢、鳙进行不投饵的生态养殖。大量研究表明鲢、鳙具有调控水体细菌尤其是蓝藻的能力，使得DS组与MS组的细菌群落进一步分离。统计分析发现造成US组与DS组差异的细菌主要是Cyanobacteria和Verrucomicrobia，其中Cyanobacteria在DS组中显著低于US组，而Verrucomicrobia在DS组中显著高于US组。蓝细菌作为富营养化的指示物种，其分布特征说明净水渔业项目的实施产生了一定的效果。值得注意的是，对3个区域的多样性指数进行比较，发现各指数均不存在显著性差异。表明各区域之间发生了一定程度的物种替代，使得物种多样性水平未发生改变而群落结构呈现显著的变化。

微生物对水环境因子的变化非常敏感，水体中浮游细菌群落受到复杂的生物和非生物过程影响，比如溶解氧、pH值、温度、水体富营养状态、叶绿素a、浮游生物相互作用等。Mantel分析显示洪潮江水库浮游细菌群落主要与Trans、Turb、TP、NO_2-N、NO_3-N、Chla、pH值、DO、ORP、SPC、TDS、TLI等环境因子呈显著相关，表明浮游细菌群落由于受多种环境因子的共同影响而呈现不同的变化。TP、NO_2-N、NO_3-N、Chla、Trans、Turb及TLI是水体营养状态的综合反映。已有大量研究表明水体营养状态是影响浮游细菌群落的主导因子。DO是影响水体细菌生存和繁殖的重要指标之一，因而成为影响洪潮江水库浮游细菌的主要环境因子之一。本研究中pH值会显著影响洪潮江水库浮游细菌群落，其与Bacteroidetes、Chloroflexi呈显著正相关，与Spirochaetes呈显著负相关。除了直接影响，pH还与NO_3-N和NO_2-N以及ORP呈现显著的相关性，表明其会通过这些环境因子间接对细菌群落产生影响。pH 值是影响丹江口库区浮游细菌群落组成的重要因素，其中 Bacteroidetes 与 pH 值呈显著性正相关。在相关的研究中，细菌群落的组成变化更多是由温度驱动，温度是影响细菌生长的重要因素。然而本研究中未发现浮游细菌空间分布受水温的影响，可能是本研究仅在一个季节，各采样点温度差异较小。因此为全面了解浮游细菌群落动态及其影响因素，还有待对洪潮江水库浮游细菌的季节、年度变化进行进一步研究。

（四）小结

为了解洪潮江水库浮游细菌群落组成、空间分布及其与环境因子的相互作用关系，基于 16S rRNA 高通量测序技术，对洪潮江水库浮游细菌群落结构与多样性进行了分析。研究结果表明，洪潮江水库共注释浮游细菌 28 门 79 纲 168 目 243 科 325 属 85 种。优势门为 Proteobacteria、Actinobacteria、Cyanobacteria、Verrucomicrobia、Bacteroidetes、Planctomycetes 分别占比 21.95%、21.30%、17.98%、12.27%、11.72%、9.51%。基于 Bray-Curtis 距离的 PCoA 分析表明，洪潮江水库 9 个采样点可以被分为 3 组，细菌群落呈现沿上下游梯度变化的趋势。PERMANOVA 检验显示，各组差异显著。Mantel 分析表明，Trans、Turb、TP、NO_2-N、NO_3-N、Chla、pH 值、DO、ORP、SPC、TDS、TLI 会显著影响浮游细菌群落结构。结论认为洪潮江水库浮游细菌空间分布特征是理化因子和农业活动综合作用的结果。该研究结果对了解浮游细菌群落空间格局及其对人类活动的响应，以及水库管理具有科学参考价值。

二、洪潮江水库鲢、鳙的鳃、肠和栖息地微生物群落的比较分析

宿主相关微生物群在鱼类的营养、免疫系统和健康方面发挥着重要作用。然而，与鱼体和鱼类栖息地中某些生态位相关的微生物群的组成、多样性和功能仍有待阐明。本研究采用 16S 测序法比较了 2 种滤食性鱼类（鲢和鳙）鳃和内脏中的微生物群落，并确定了它们与沉积物和水的微生物关系。结果显示，这 2 种滤食性鱼类的水、沉积物、鳃和肠道微生物群落在组成、核心类群、多样性和功

能方面均存在显著差异。栖息地样本（水和沉积物）中的微生物多样性明显高于鱼类宿主样本（鳃和肠道），鳃中的微生物多样性明显高于肠道。鱼体生态位（即鳃与肠）和宿主物种都显著影响鱼类相关微生物群，但鱼体生态位的影响超过了宿主物种对微生物群落的影响。宿主微生物群落更像水微生物群落而不是沉积物微生物群落。源头追踪分析进一步证实，水对鱼类微生物群落的贡献大于沉积物，这与其上层水层生境一致。鳃和肠道具有独特的核心微生物群和功能。与功能分类的生境相关微生物群相比，宿主相关微生物群落更注重与宿主的相互作用和适应（如传染病和环境适应）。此外，与肠道微生物群的功能相比，鳃微生物群的功能强调相互作用和交流过程，如循环系统、信号转导和细胞运动。这些发现将提高我们对水生宿主微生物群的组成和功能及其与栖息地的关系的理解。

（一）材料和方法

1. 研究地点和样本收集

采样时间为 2019 年 4 月。从水库中捕获 12 条鱼，包括 6 条鲢（平均总长度为 35.5±4.6 cm）和 6 条鳙（平均总长度为 38.4±5.2 cm）。标本在甲磺酸三卡因（MS-222）中处理，然后测量并立即在冰上解剖。收集鳃和内脏，分别放入贴有标签的无菌聚丙烯离心管中。考虑到这 2 个物种的高流动性和可比性，所有鱼类都在 7 号采样点采样，而水和沉积物则从代表整个水库的 9 个不同采样点采样（与前文一致）。使用挖泥船（中国武汉水天地仪器有限公司）在一个地点随机采集 3 个表层沉积物样品（0～0.05 m 深度），然后混合到灭菌试管中作为 1 个样品（约 10 g）。水面下每隔 2 m 取水样（2.5 L），然后混合。收集水的二次样品（500 mL），并通过直径为 47 mm 的 0.2 μg 孔聚碳酸酯膜（密理博，美国马萨诸塞州比勒里卡）过滤，用于提取脱氧核糖核酸。所有样品应立即放入液氮中，并转移到－80℃冰箱中储存。总共获得 41 个样品，其中 1 个来自 S2 的沉积物样品，不可用。将样本分为 6 组：鲢的鳃（MGi，6 个样本）、鲢的鳃（NGi，6 个样本）、鲢的内脏（MGu，6 个样本）、鲢的内脏（NGu，6 个样本）、水（WA，9 个样本）和沉积物（SE，8 个样本）。

2. 聚合酶链反应扩增和 Illumina HiSeq

按制造商说明使用 OmegaBiotekEZNA stool DNA kit（(Georgia，USA）试

剂盒提取所有 DNA 样本。引物 341F：CCTAGGGNGGCWGGAG 和 806R：GGACATCHVGGGTACTAT 用于产生 16S rRNA 基因 V3～V4 区的聚合酶链反应扩增子。扩增遵循一套程序，即在 94℃（4 min）变性，然后在 94℃（30 s）、53℃（30 s）和 72℃（45 s）循环 35 次，最后在 72℃（10 min）延伸。应用 Sangon PCR 产物凝胶提取试剂盒（Sangon Biotech，上海，中国）纯化所有样品。高通量测序在广州基因德诺沃公司使用 Illumina MiSeq 平台进行。原始读取数据提交至 NCBI 序列读取档案，登记号为 PRJNA601603。

3. 数据分析

根据 PE reads 之间的 overlap 关系将成对的 reads 进行拼接。与此同时，对 reads 的质量和拼接效果进行质量控制。采用 RDP classifier 贝叶斯算法对 OTU 进行分类学分析，并在合适的分类水平进行分析，通常情况下，细菌数据库匹配采用 Silva 数据库。

对注释过的信息进行 Alpha 多样性分析、物种组成分析、NMDS 分析（将样本中包含的物种信息以点的形式反映在多维空间上）和样本层级聚类分析（使用 UPGMA 算法构建树状结构，可呈现不同样本的差异）等。

（二）结果

1. 微生物群组成

从各组中共获得 3196473 个有效读数。稀疏曲线趋向平坦，表明序列数据足以产生物种丰富度的稳定和无偏估计。在 97%的相似性水平上，这些序列被聚类成 6622 个 OTU，包括分别来自 MGi、MGu、NGi、NGu、WA 和 SE 的 1956、1486、2575、1050、2835 和 4846 个 OTU。

微生物总数分为 46 门 515 属。最丰富的分类群（前 10）如图 4－6A 所示。基于门水平，变形菌在 MGi、NGu、NGi 和 WA 是最丰富的门，在 MGu 和 SE 是第二丰富的门。在每个组的样品之间发现了很大的差异，厚壁菌门（Firmicutes）是 SE 最常见的门，占 26.91%；梭杆菌门（Fusobateria）是 MGu 最常见的门，占 36.51%；蓝细菌、放线细菌 iJ（Actinobacteria）和疣微菌 iJ（Verruocmicrobia）的丰度在 WA 高于其他组；酸细菌和氯细菌的丰度在 SE 高于其他组。与宿主相关类群（MGu、MGi、NGu 和 NGi）相比，生境样品（WA 和 SE）显示出明显更高的普朗克菌门丰度。

属水平上最丰富的分类群（前 10）如图 4－6B 所示。宿主相关组中的 Cetobacterium 和 Pseudomonas 的丰度比栖息地样本中的高。在 MGu、MGi 和 NGu 中，西杆菌属是最丰富的属，分别占 36.49％、10.59％和 12.56％。不动杆菌属在 NGi 中比在其他组中更丰富，ZOR0006 是 MGu 中第二丰富的属。

共有 67 个 OTU 被鉴定为核心微生物群（图 4－7）。WA 的核心 OTU 数量最多（33 个），其次是 MGi（28 个）、NGi（17 个）、MGu（9 个）和 SE（7 个），NGu（4 个）最少。热图和聚类分析结果显示鳃的核心微生物群（MGi 和 NGi）聚集在一起，肠道的核心微生物群（MGu 和 NGu）聚集在一起（图 4－7A）。从图 4－7B 来看，所有 6 个组都没有共享核心 OTU，并且仅在 WA（27/33）和 SE（5/7）发现高比率的核心 OTU。在某种程度上，在与宿主相关的组中观察到核心 OTU 的重叠，特别是在 MGi 和 NGi 之间以及 MGu 和 NGu 之间（图 4－7）。这些结果表明，核心微生物群在鳃、肠和栖息地之间发生了显著变化。

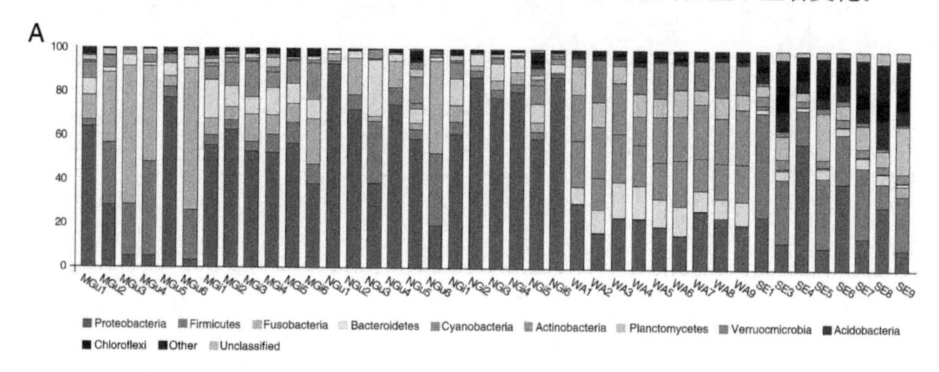

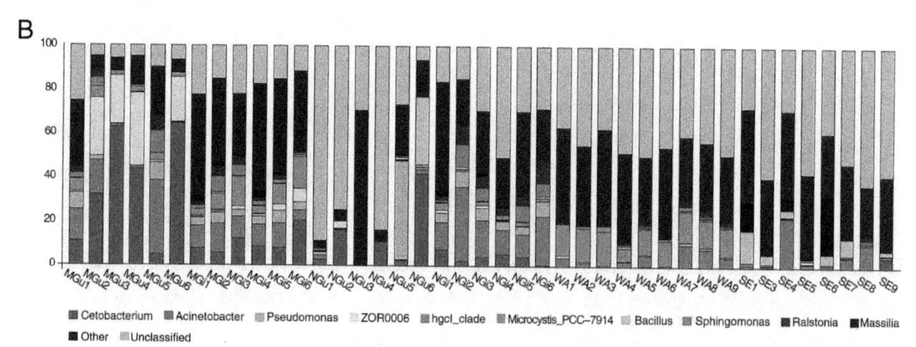

图 4－6　高通量测序获得的每个样本中优势细菌门（A）和优势细菌属（B）的相对丰度

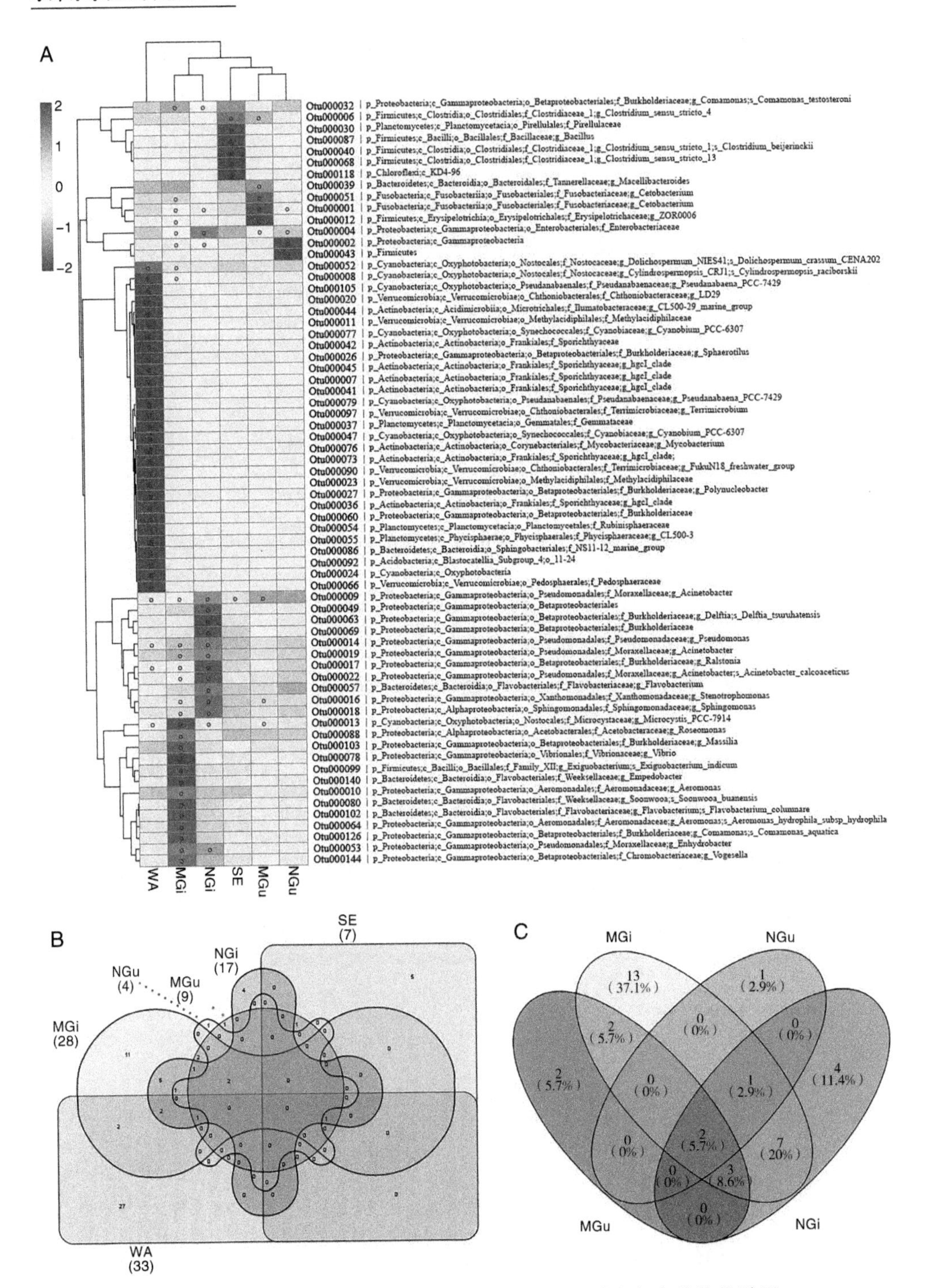

A. 聚类和热图分析；B. 2 种滤食性鱼类的鳃、肠道和栖息地的维恩图；

C. 宿主相关群的维恩图

图 4－7　不同群体核心微生物群

2. 微生物群落多样性

微生物群落的 α 多样性是根据 Chao1、Sobs、Shannon 和 Simpson 指数估算的。结果表明，尽管 4 个指数显示出相似的趋势，但各组之间的差异显著（图 4-8）。总的来说，SE 表现出最高的微生物多样性。此外，栖息地样本（WA、SE）的微生物多样性显著高于鱼类宿主（鳃和肠），鳃的微生物多样性显著高于肠。

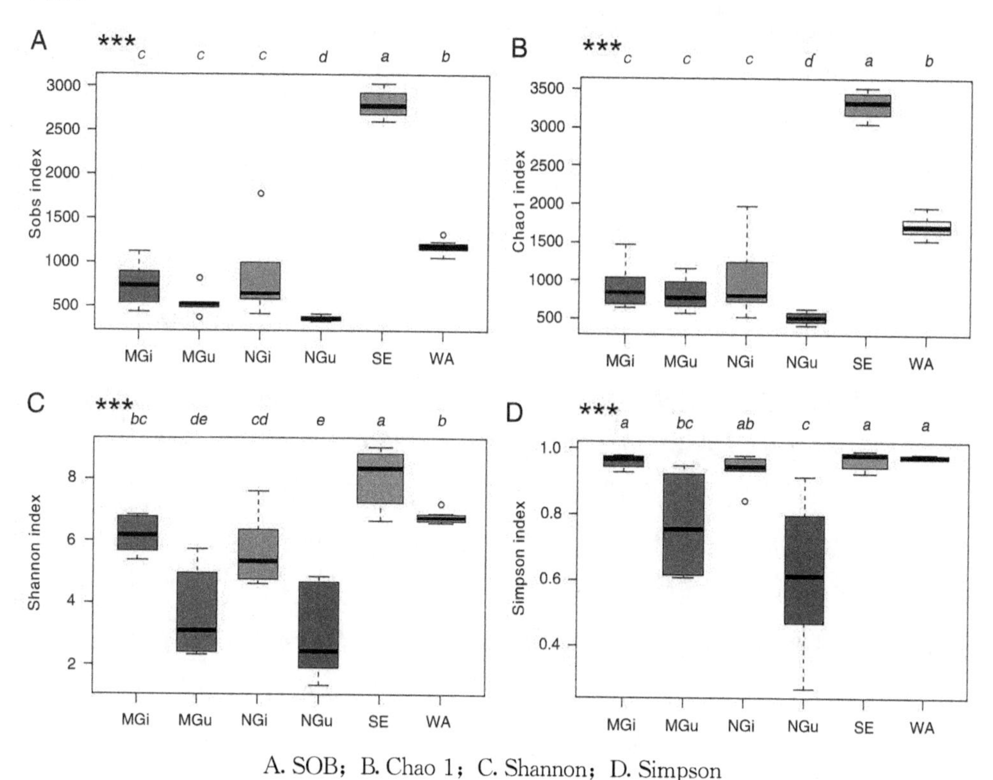

A. SOB；B. Chao 1；C. Shannon；D. Simpson

图 4-8　鳃、肠道、水和沉积物中微生物群的 α 多样性

注：方框上标不同的字母代表有显著性差异（$P<0.05$）。

NMDS 基于样本的 Bray-Curtis 相异指数分析 β 多样性。结果表明，水和沉积物组从鱼类宿主组中分离出来，并独立聚集，而肠和鳃组通常聚集在一起（图 4-9A），表明鱼类组之间的差异较低。此外，ANOSIM 结果显示 WA/SE、NGi/WA、NGi/SE、MGi/WA、MGi/SE、MGu/SE、MGu/WA、NGu/SE 和 NGu/WA 组分离良好（$0.75<R\leqslant1$，$P<0.01$），而 MGu/MGi（$R=0.48$，$P=0.009$）、MGu/NGi（$R=0.48$，$P=0.024$）、MGi/NGi，这些结果表明，鱼类和环境群体之间的微生物群落存在显著差异，鱼类样品中的微生物群落明显分

离但高度重叠。

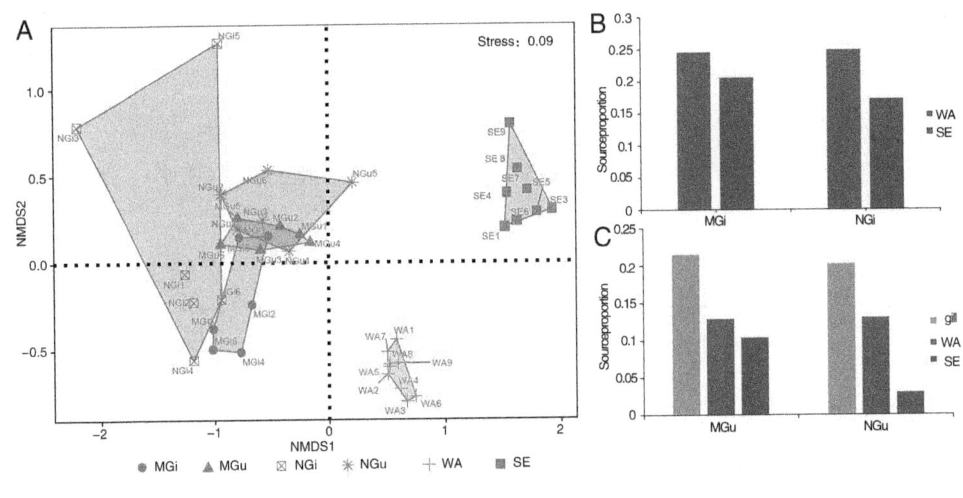

A. 样本；B. 鳃；C. 肠道

图 4-9　基于 Bray-Curtis 相异指数的非计量多维标度（NMDS）图

为了评估栖息地对鱼类宿主相关微生物群落的贡献，进行了来源追踪分析。就鳃而言，从水中（鲢 24.57%和鳙 24.85%）比从沉积物中（鲢 20.59%和鳙 17.21%）获得更多的微生物群（图 4-9B）。就肠道而言，21.45%（白鲢）和 20.19%（鳙）的微生物群来自鳃，12.85%（白鲢）和 13.00%（鳙）来自水，10.34%（白鲢）和 3.02%（鳙）分别来自沉积物（图 4-9C）。这些结果表明这 2 种鱼从水中比从沉积物中可以获得更多的微生物，鳃对肠道微生物群落的贡献大于栖息地。

此外，我们使用线性判别分析（LDA>5）确定了 32 个与每组相关的属级指示分类群（图 4-10）。在这些属中，类杆菌属、类杆菌属、不动杆菌属、ZOR0006 和假单胞菌属是最具区别性的类群。Cetobacterium 和 ZOR0006 在 MGu 中含量最高，在 WA 中含量最低；hgcI _ clade 在 WA 中含量最高，在 MGu 中含量最低；不动杆菌在 NGi 中含量最高，在 NGu 中含量最低；假单胞菌在 NGu 中含量最高，在 SE 中含量最低。

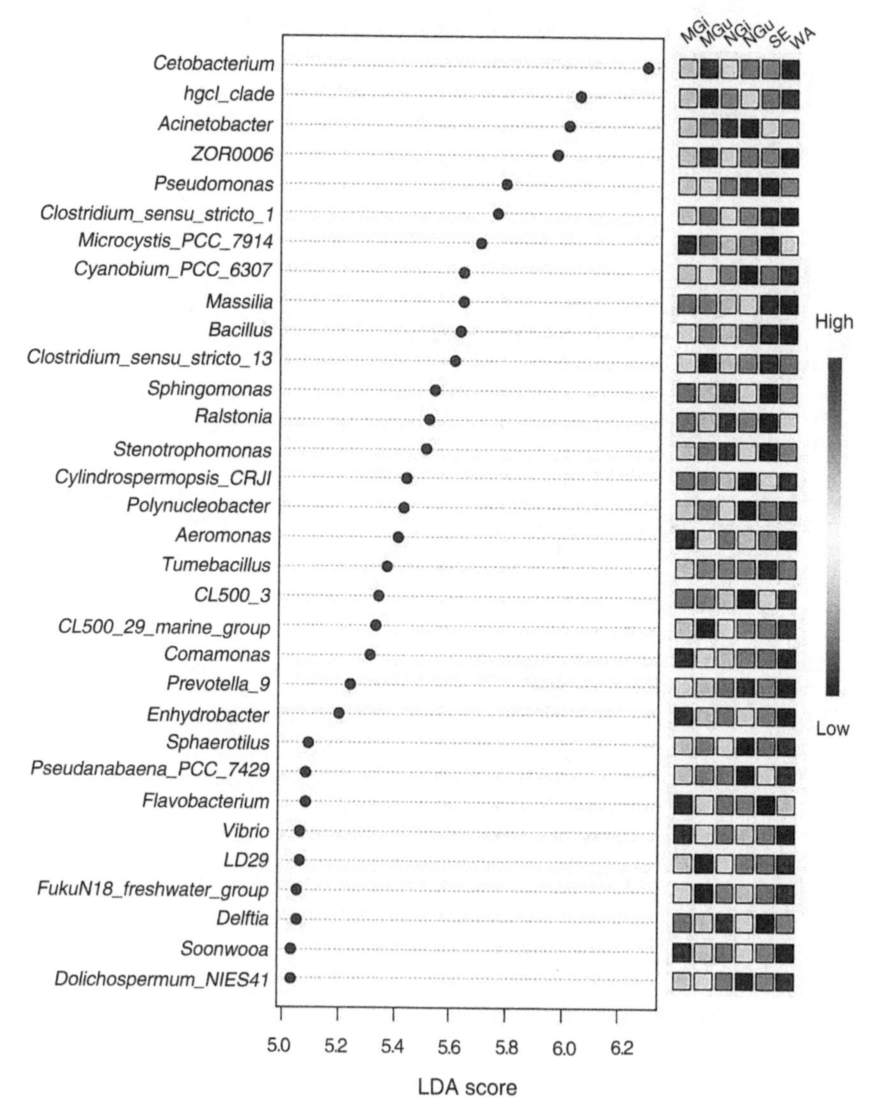

图 4-10　分类群线性判别分析效应差异（LDA>5）

3. 与鳃、肠道和栖息地相关的微生物群的潜在功能

为了比较 6 个组（MGu、MGi、NGu、NGi、WA 和 SE）中微生物群的功能类别，构建了基于 37 个类别（KEGG 等级—2）的功能分布热图，其显示了组之间的显著差异（图 4-11A）。此外，NMDS 的结果表明，生境微生物群（WA 和 SE）的功能与宿主相关群体（MGu、MGi、NGu 和 NGi）明显不同。鳃相关（MGi 和 NGi）和肠相关（MGu 和 NGu）微生物群的功能也可以彼此分离，尽管有一些重叠（图 4-11B）。

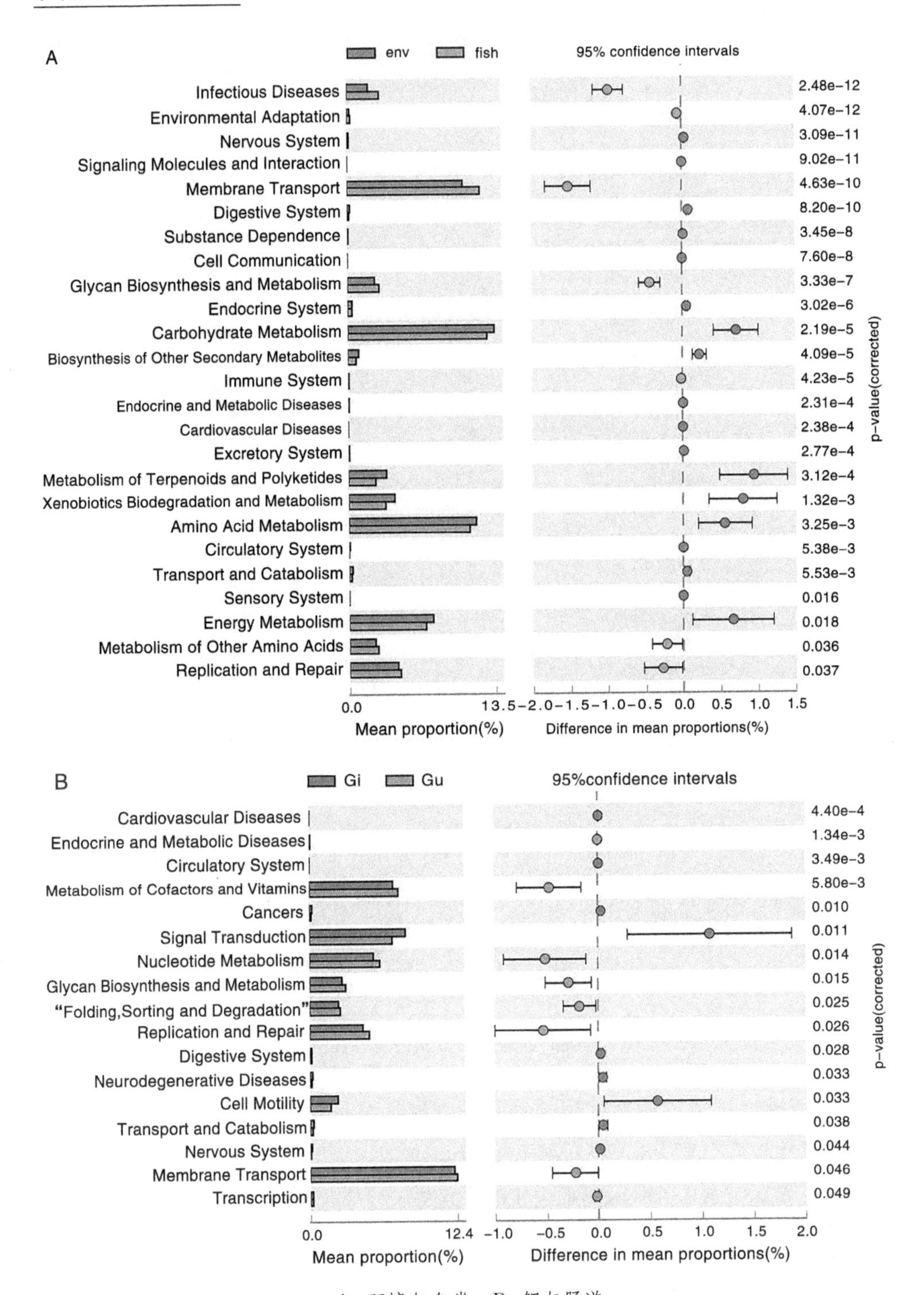

A. 环境与鱼类；B. 鳃与肠道

图 4-11　不同处理组微生物群的功能差异

此外，对与宿主和栖息地相关的群体之间，以及与鳃和肠道相关的群体之间的微生物功能的进一步比较表明，与宿主相关的群体和与栖息地相关的群体之间有25个类别发生了显著变化（图4-11A）。这些结果表明，与生境相比，传染病、环境适应、膜转运和聚糖生物合成和代谢在鱼类宿主中显著富集，而大多数代谢类别在生境中显著较高，包括能量代谢、氨基酸代谢、异生物质生物降解和代谢、脂质代谢、萜类化合物和聚酮类化合物的代谢。此外，共有17个二级功能类别在鳃和肠之间发生了显著变化（图4-11B），特别是辅因子和维生素的代谢，核苷酸代谢，聚糖生物合成和代谢，折叠、分类和降解，复制和修复，膜转运在肠道中显著高于在鳃中，而循环系统、信号转导和细胞能动性在鳃中显著高于在肠道中。此外，与疾病相关的一些途径选择性地在鳃（心血管疾病、癌症、神经退行性疾病）或肠道（内分泌和代谢疾病）中富集。结果表明与鱼类相关的微生物群落更侧重于相互作用和相互适应，而与环境相关的（沉积物和水）微生物群落更侧重于营养代谢；鳃相关微生物群落在相互作用和交流方面更丰富，而肠相关微生物群落在代谢和遗传信息处理方面更丰富；鳃是更多病原菌入侵和定居的潜在场所。

（三）讨论

人们普遍认为，微生物群在宿主营养、免疫和健康方面发挥着重要作用。然而，人们对于不同鱼类区室相关的微生物群的组成、多样性和功能以及它们与栖息地的关系知之甚少。本研究对2种滤食性鱼类的鳃和内脏以及其栖息地（亚热带水库）的水和沉积物中的微生物进行了比较分析。鳃、肠、水和沉积物样品的微生物群落在组成、核心分类群和功能方面表现出显著的多样性。

本研究中，变形菌、厚壁菌门、梭杆菌门、拟杆菌门、蓝细菌、放线菌门和疣微菌门是这6个类群中的优势门。变形菌、厚壁菌门、梭杆菌门和拟杆菌门在4个鱼类相关类群中占优势。变形菌和厚壁菌是2种海洋生物中或淡水生境中与鱼类相关的典型优势细菌。一般来说，鱼类的健康状况可以通过变形菌的相对丰度来反映，变形菌已成为肠道微生物群中生物失调和疾病的潜在微生物特征。厚壁菌门可以控制人类和动物的能量平衡，放线菌门具有维持宿主体内平衡和产生益生菌的能力。先前的一项研究总结了各种食草、杂食性和食肉鱼类的肠道微生物群，并报告称弧菌（变形菌）、发光菌（变形菌）和梭菌（厚壁菌门）是鱼类肠道中的主要微生物群。在目前的研究中，滤食性鱼类肠道中的优势属是西杆菌属、不动杆菌属和ZOR0006，而鳃中的优势属是西杆菌属和不动杆菌属。LEfSe结果证实这些属是与鳃和肠相关的最丰富的分类群。Cetobacterium物种可作为益生菌的潜在候选，不动杆菌可能是动物感染和炎症的潜在原因。有趣的是，许多属都富集在鲢鱼和鳙鱼的鳃中，包括鞘氨醇单胞菌、罗尔斯顿氏菌、气单胞菌、嗜酸杆菌、黄杆菌、弧菌、德尔夫提亚和索恩沃氏菌。这些属是淡水鱼类中发现的最常见的微生物。因此，这些分类群可能代表关键的微生物指标，可用于探索鳃的潜在功能。许多报告表明，弧菌可以改变水生动物的健康状况，并导致疾病和死亡。弧菌和鱼类之间的共生关系亦有报道，从鱼类中分离的弧菌物种具有降解几丁质的能力。这些结果表明，鳃和肠道可以选择性地丰富特定的分类群，这对宿主的健康至关重要。

前人研究表明饮食和宿主物种是影响鱼类肠道微生物群多样性和结构变化的主要因素。在这里，NMDS和ANOSIM分析表明，这2种鱼之间的微生物群落明显分离，但高度重叠。这些结果可能与影响微生物群组成的饮食和宿主物种有关。即使鳙和鲢属于同一个属，表现出相同的摄食行为，但它们是不同的物种，分别优先消耗浮游植物和浮游动物，这可能解释了它们的微生物群落组成的显著差异。其他因素，如不同的身体部位也是决定宿主微生物群的潜在驱动因素。在这项研究中，2个器官（鳃和肠）的微生物群落尽管有很大的重叠，但显著不同。鳃和肠之间的ANOSIM R值（0.33～0.48）略高于2个物种之间的值（0.27～0.37），2个物种的鳃和肠的核心微生物群聚集在一起，表明在构建鱼相关微生物群落方面，鱼体生态位比宿主物种更重要。

由于不断接触水或沉积物，环境微生物群会对水生动物的微生物组成产生相当大的影响，尽管它们之间存在显著差异。宿主相关微生物群落的α多样性明显低于栖息地相关微生物群落的α多样性，这与大黄鱼和黑鲷肠道中的微生物多样性低于环境中的报告一致。这可能是因为土壤/沉积物为各种微生物类群提供了理想的栖息地，并且具有较高的多样性。宿主相关微生物群可能受到许多生物因素的制约，如宿主免疫系统，以及非生物因素，如营养。NMDS结果表明，宿主微生物群与水微生物群比沉积物微生物群更相似，尽管仍有显著差异。此外，来源追踪分析表明，来自水中的鱼类微生物群的百分比高于来自沉积物的百分比。先前的研究报告称，虾肠道微生物群与沉积物微生物群的关系更为密切。这种不一致可能是由于它们偏好的栖息地不同。鳙和鲢都是上层鱼类，而虾是底栖水生动物，因此滤食性鱼类与水的接触比与沉积物的接触更频繁。

微生物组成和平衡会强烈影响鱼类生理过程的功能。在我们的研究中，宿主相关微生物群在与传染病、环境适应和免疫系统相关的功能方面得到了丰富。如上所述，这与宿主相关微生物群中发现的变形杆菌、不动杆菌和 cetobacter 菌数量增加相一致，它们通过代谢和免疫系统影响鱼类健康。值得注意的是，尽管鱼类是健康的，但与栖息地相比，传染病是宿主中最显著富集的功能，这表明鱼类的黏膜表面和相关微生物群是重要的初级屏障，并提供了抵御潜在病原体的第一道防线（Legrandet al.，2018）。对于与宿主相关的微生物群落，鳃微生物群落在涉及循环系统、信号转导和细胞运动的相互作用和交流过程中更丰富，而肠道微生物群落在代谢（例如辅因子和维生素的代谢、核苷酸代谢）和遗传信息处理（例如折叠、分类和降解，复制和修复以及膜转运）中更丰富。这些功能通常与鳃是主要呼吸器官和肠道是主要消化器官有关。此外，一些潜在的病原体和疾病功能选择性地富集在鳃或肠道中，表明鳃和肠道可能是微生物群致病入侵和定殖的潜在场所，我们的研究强调了监测鱼体内不同生态位内微生物群及其与宿主健康关系的重要性。

（四）结论

本研究首次分析了与滤食性鱼类不同区室及其栖息地相关的微生物群。我们发现 2 种滤食性鱼类及其栖息地的水、沉积物、鳃和肠道样本中的微生物群落存在显著差异。身体生态位（鳃与肠）和宿主物种（鲢与鳙）显著影响鱼类相关微生物群落，但身体生态位的影响超过了宿主物种对微生物群落的影响。鳃、肠道和栖息地样本显示了独特的核心微生物群和功能。此外，水微生物群对宿主微生物群的贡献大于沉积物微生物群。与生境相关（沉积物和水）微生物群相比，宿主相关微生物群的功能在宿主相互作用和相互适应中更加丰富。与肠道相关微生物群相比，鳃相关微生物群的功能在相互作用和交流中更为丰富。我们的结果证实了微生物群在水生动物健康中起着重要作用。这些发现应该会提高我们对宿主微生物群的组成和功能以及它们与栖息地的关系的理解。然而，需要进一步的研究来阐明其他因素的影响，如生物地理学，在形成微生物群落组成和与环境变化和宿主健康的相互作用。

三、洪潮江水库罗非鱼和鳙的肠道真菌群落比较分析

采用ITS（内部转录间隔区）高通量测序技术，对广西洪潮江水库罗非鱼和鳙鱼肠道真菌进行研究。我们假设这2种鱼之间的肠道真菌在组成和结构上表现出显著的差异，这是因为它们的物种特异性以及与它们各自肠道生理功能相关的不同肠段之间的差异。本研究的目的是检测和比较罗非鱼和鳙鱼不同肠段真菌群落的组成和多样性，了解真菌在鱼肠道中的功能和作用，为进一步分析和了解肠道微生物群提供理论依据。

（一）材料和方法

1. 样品制备

使用网箱（网目尺寸0.7 cm），每种鱼随机捕获3条（平均重量约0.5 kg），用三卡因甲烷磺酸盐（MS-222）（60 mg/L，浸泡2～3 min）处理，在无菌环境中使用无菌手术刀从腹腔中取出肠道，用无菌刮铲轻轻摩擦肠壁，收集前肠、中肠和后肠段的微生物样品，将采样品放入2.0 mL冷冻管中。每条鱼3个肠段，总共获得了18个微生物样品。收集后，将所有样品在液氮中快速冷冻，然后储存在－80℃冰箱中，用于提取DNA。所有实验均在《中国实验动物护理和使用指南》的指导下进行。该程序由中国华南农业大学动物伦理委员会批准（批准号：SYXK－2019－0136）。

2. 脱氧核糖核酸提取、聚合酶链反应和测序

根据制造商说明使用EZNA stool DNA Kit（OmegaBiotek，USA）从微生物样品中提取DNA样本。用特异性ITS引物（KYO2F：GATGAACGYAGY-RAA；ITS4R：TCCTCGCTTATGATATGC）获得的ITS区rDNA。聚合酶链反应程序为95℃保持2 min；98℃10 s，62℃30 s，68℃30 s，循环35次；68℃最后延伸10 min，反应体系为5 μL 10×KOD缓冲液、1 μL KOD聚合酶、5 μL 2.5 mM脱氧核糖核酸、100 ng模板脱氧核糖核酸、1.5 μL每个引物，添加ddH_2O至50 μL的体积。将纯化的聚合酶链反应扩增产物等量混合并送到基因德诺沃生物技术有限公司（中国广州）用于成对端测序（2×250，Illumina HiSeq 2500，美国）。

3. 序列组装和分类

运用 FLASH（v 1.2.11）对原始序列进行组装（Magoc 和 Salzberg，2011），并使用 QIME（v 1.9.1）进行再过滤得到优化序列。使用 UPARSE 流程将优化序列划分可操作分类单元（OUT，相似性≥97%），基于 OUT 进行丰度分析等。所有原始数据均提交至 NCBI 序列读取档案（SRA），登记号为 SRP239684。

4. ITS 真菌群落分析及功能预测

计算 Chao1 指数、Subble 指数、Shannon 指数和 Simpson 指数，分析肠道真菌的 α 多样性及 β 多样性。基于 Bray-Curtis 进行非计量多维标度（NMDS）分析及相似性分析（ANOSIM），计算群落间的分离和重叠差异性（$R>0.75$，分离良好；$0.50<R\leqslant0.75$，分离但重叠群落；$0.25<R\leqslant0.50$，分离但高度重叠群落；$0.25\leqslant R$，非分离群落），当 $P<0.05$ 或 $P<0.01$ 认为差异显著或极显著。

（二）结果

1. 罗非鱼和鳙鱼肠道的真菌组成

从 18 个样品中共获得 1763478 个有效读数。每个样本的序列数从 81827 到 121770 不等，聚类成 1089 个 OTU。如图 4-12A、图 4-12B、图 4-12C）所示，总共获得了 667 个罗非鱼 OTU 和 482 个鳙鱼 OTU，其中 283 个重叠在 2 个物种之间，44 个重叠在罗非鱼和鳙鱼的前肠、中肠、后肠。在罗非鱼的前肠、中肠和后肠分别鉴定出 288、439 和 496 个 OUT；在鳙鱼的前肠、中肠和后肠分别鉴定出 242、245 和 374 个 OTU。维恩图表明，许多肠道真菌不仅存在于同一种鱼的不同肠段内，而且存在于不同的鱼之间。图 4-12D 进一步表明，在 44 个重叠的 OTU 中，有 14 个被注释，其中 13 个属于子囊菌亚门，1 个属于灰钙土菌亚门。

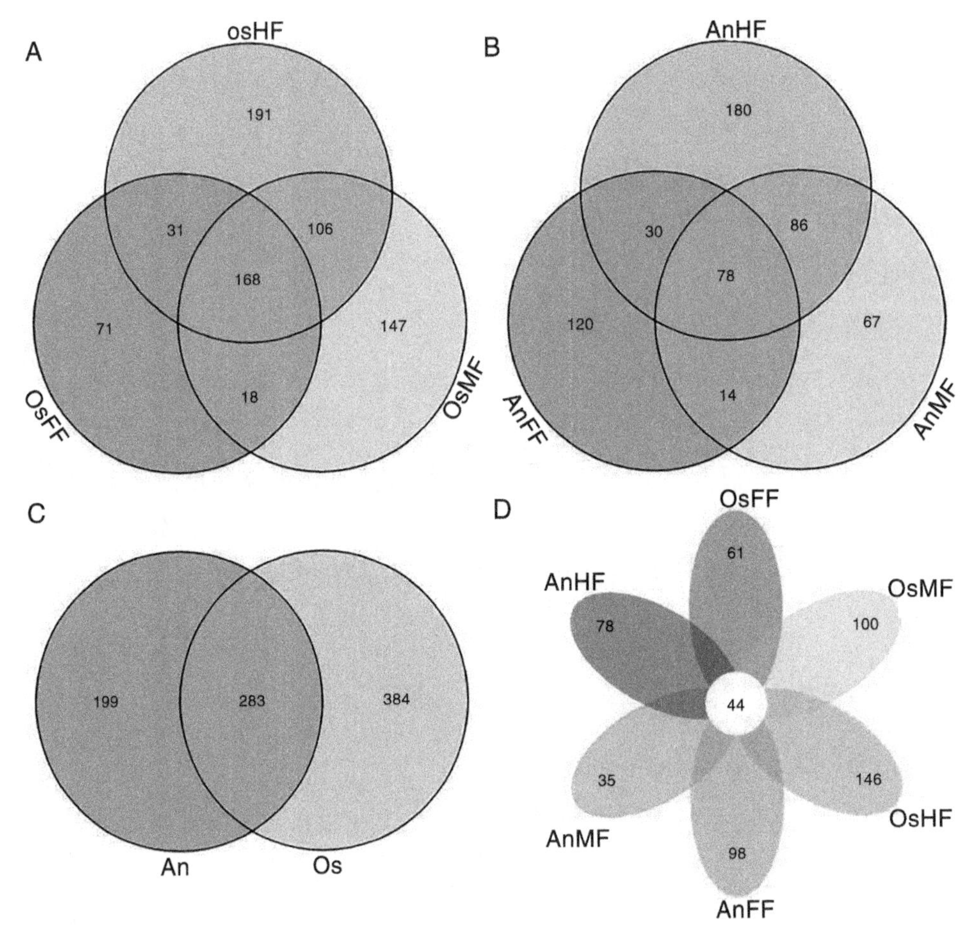

A. 罗非鱼前肠、中肠和后肠的 OTU（分别为 OsFF、OsMF 和 OsHF）；

B. 鳙鱼前肠、中肠和后肠的 OTU（分别为 AnFF、AnMF 和 AnHF）；

C. 罗非鱼和鳙鱼的总肠道真菌 OUT；

D. 罗非鱼和鳙鱼前肠、中肠和后肠 OTU 重叠的花卉图

图 4－12　罗非鱼和鳙鱼肠道真菌 OTU 维恩图

在注释的 OTU 中，选择样本中丰度≥2%的前 10 个 OTU，将其他 OTU 统一到其他类别中，将未注释的 OTU 分类到未分类类别中（图 4－13）。在门的水平上（图 4－13A），子囊菌亚门在 OsFF、OsMF 和 OsHF 中显示出相对较高的平均丰度（分别为 48.93%±19.2%、26.88%±2.02%和 33.4%±9.91%），其次是串珠菌门（分别为 0.26%±0.38%、0.6%±0.59%和 0.38%±0.33%）和担子菌亚门（分别为 0.82%±0.77%、2.46%±1.79%）。在属的水平上（图 4－13B），帚霉属在 OsFF、OsMF、OsHF 和 AnFF、AnMF、AnHF 中均显示相对

较高的平均丰度（12.68%±8.06%、2.03%±1.59%、5.62%±4.53%和7.07%±4.71%、8.57%±7.39%、0.39%±0.40%），毛壳菌属次之（4.90%±3.51%、1.84%±1.07）。

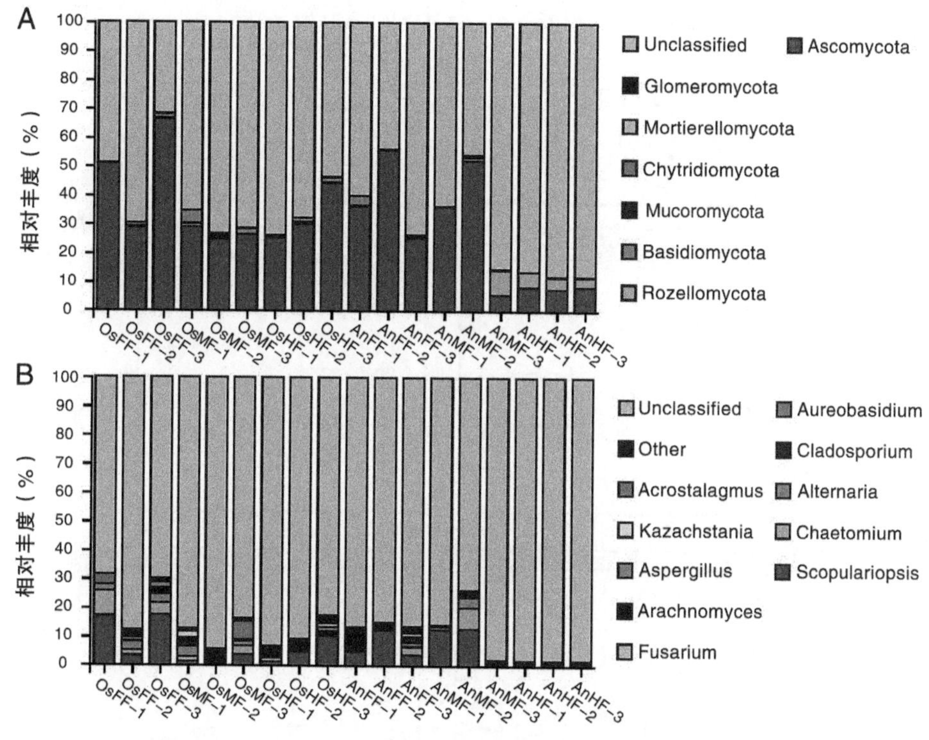

图4-13　门（A）和属（B）级真菌相对丰度和物种组成

注：仅前10个物种（样本中丰度≥2%），其余物种分类为“其他”。未注释的归类为“未分类”。

值得注意的是，链格孢属、帚霉属和毛壳菌属都属于子囊菌亚门。在1089个真菌OTU序列中，有404个被注释，其中子囊菌亚门310个，担子菌亚门68个，壶菌亚门3个，裂球菌亚门1个，被孢霉亚门6个，粘毛霉亚门3个，轮虫亚门13个。罗非鱼和鳙鱼肠道中的优势真菌门级是子囊菌亚门，属级是帚霉属；子囊菌亚门在大多数节段中占优势，约占真菌相对丰度的1/3。结果表明，在罗非鱼和鳙鱼的肠道中，子囊菌门（门水平）和帚霉属（属水平）占优势；在An-FF、AnMF、AnHF和OsFF、OsMF、OsHF中，真菌组成不同。

2. 罗非鱼和鳙鱼肠道真菌多样性及其潜在功能

2种鱼体内真菌α多样性没有显著差异（图4-14A），罗非鱼体内各肠段真菌（OsFF、OsMF和OsHF）（图4-14B）也没有显著差异。但鳙鱼的后肠真菌明显不同于前肠和中肠真菌（AnFF、AnMF 和 AnHF）（图 4-14B）。

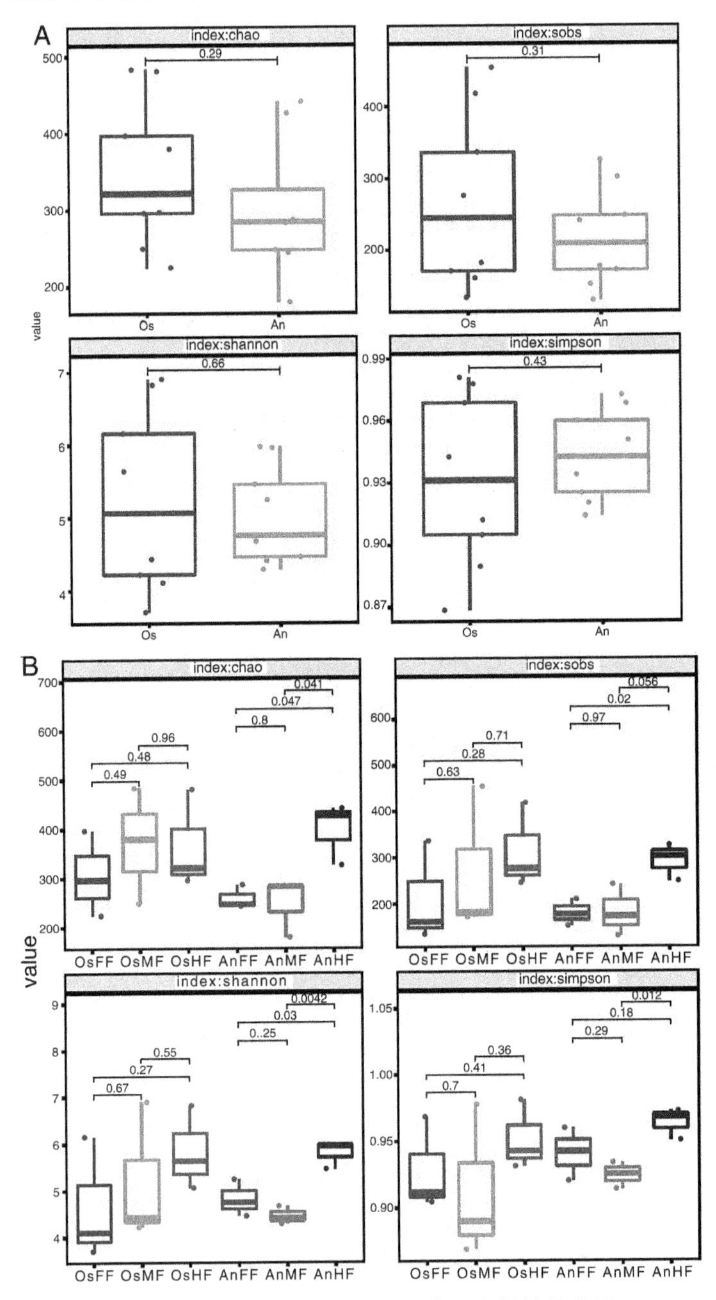

图 4-14　罗非鱼和鳙鱼肠道真菌 α 多样性的差异

注：根据 97%阈值确定 4 个 α 多样性指数（Chao1、Sobs、Shannon 和 Simpson）。组间比较采用 t 检验。

对于罗非鱼和鳙鱼肠道真菌的 β 多样性，NMDS（图 4-15）结果表明，罗非鱼和鳙鱼的肠道真菌有明显的差异，但两者聚类紧密。两两方差分析表明，罗非鱼和鳙鱼的前肠、中肠、后肠段之间无显著差异（$P>0.05$）。罗非鱼和鳙鱼之间真菌群落差异显著，但有很强的重叠性（ANOSIM-R=0.415，$P=0.001$），这与维恩图结果一致，表明罗非鱼和鳙鱼有许多共同的肠道真菌。

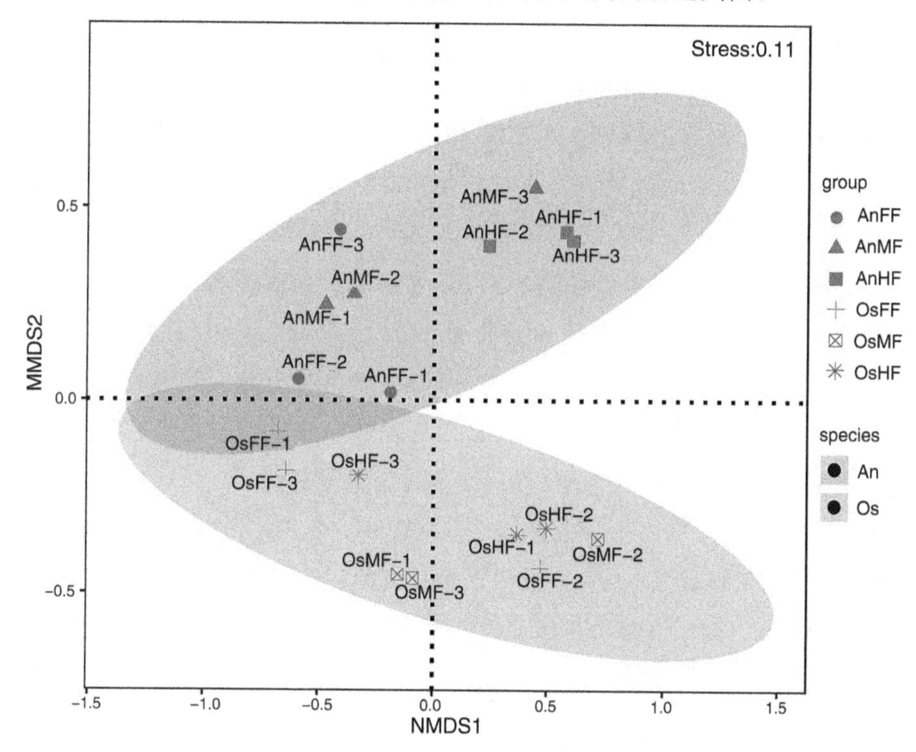

图 4-15 罗非鱼和鳙鱼肠道真菌的β多样性

注：采用 Bray-Curtis 相异指数和非计量多维标度（NMDS）分析。当压力=0.11 时，NMDS 准确地反映了罗非鱼组和鳙鱼组真菌群落的差异。

根据真菌数据库，1089 个真菌 OTU 序列（404 个注释的 OTU）中只有 154 个可信。在 3 种营养模式中，108 个为腐生真菌，41 个为致病真菌，5 个为共生体真菌。108 个腐生真菌 OTU 中，80 个属于子囊菌亚门 31 个已知属，25 个属于担子菌亚门 22 个已知属，3 个属于毛霉亚门 2 个已知属；其中，有 83 个为不确定致病真菌，14 个为木材腐生真菌，9 个为粪便腐生真菌，2 个为土壤腐生真菌。在 41 个致病真菌 OTU 中，35 个隶属于 24 个已知的子囊菌属，6 个隶属于 5 个已知的担子菌属；其中，23 个致病真菌 OTU 来自植物病原体，3 个来自动物病原体，它们可能通过鱼食用的食物进入肠道。在共生真菌的 5 个 OTU 中，2 个属于子囊菌亚门的 2 个已知属，2 个属于担子菌亚门的 2 个已知属，1 个属于球孢菌亚门的 1 个未分类属。

对于罗非鱼和鳙鱼的前肠、中肠、后肠段，大部分群落（相对丰度）分别被划分为粪腐－未定义腐－木腐（17.57%±10.85%，3.87%±2.64%，6.27%±4.05%；8.15%±4.19%，10.98%±10.21%，0.50%±0.56%），未定义腐（7.08% 5.83%）。为了进一步研究各真菌分类群相对丰度的分布，使用已明确的前 15 个丰度最高的真菌作热图分析。从热图的顶部到底部，丰富程度逐渐降低，如图 4－16A 所示。OsFF、OsMF 和 OsHF 之间的差异相对较小，而 AnFF、AnMF 和 AnHF 之间的差异相对较大。对罗非鱼和鳙鱼肠道真菌功能预测的主成分分析（图 4－16B）表明，前肠、中肠、后段肠道真菌功能不同。在已注释的 OUT 中，前 3 个丰度最高的 OTU 被划分为粪腐营养型（OTU000002）和病理营养型－腐营养型－共生体营养型（OTU000018 和 OTU000034），并且在鳙鱼的后肠段中均表现出较低的丰度，符合分类堆叠分布。值得注意的是，除上述 3 种 OUT 外，许多已注释的 OTU 仅在罗非鱼和鳙鱼的前肠、中肠和后肠中的 1 个中检测到，表明相应的真菌可能在特定肠段定殖。

综合以上结果可知，在可信的真菌 OTU 中，2/3 以上为腐生真菌，不到 1/3 为致病真菌，只有 3.2%为共生体真菌；真菌在肠道中的分布不均匀，尤其是在鳙鱼的后肠，腐生真菌和致病真菌急剧减少，暗示它们可能参与了消化和吸收过程。

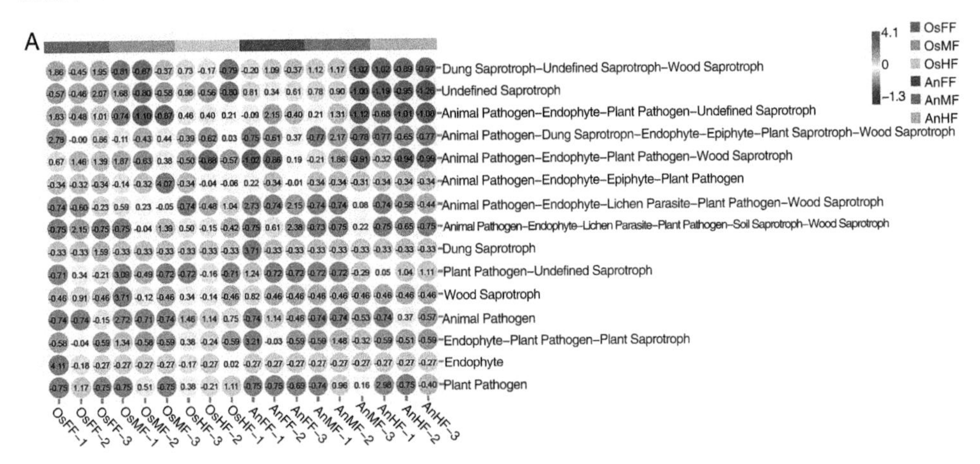

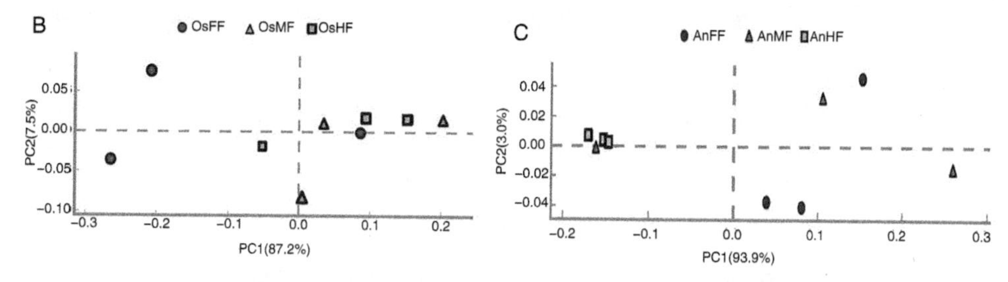

A. 基于罗非鱼和鳙鱼肠道真菌前 15 种的 OTU 相对丰度热图；

B. 罗非鱼前肠、中肠和后肠真菌的 PCA 图；

C. 鳙鱼前肠、中肠和后肠真菌的 PCA 图

图 4－16　罗非鱼和鳙鱼肠道真菌的热图和主成分分析（PCA）

（三）讨论

本研究中，子囊菌门在罗非鱼（48.93％±19.2％）和鳙鱼（39.30％±15.32％）肠道中占优势。前人对食木鱼类黑鳍金枪鱼的研究也显示了子囊菌亚门在肠道中占优势。子囊真菌是异养生物，从死亡或存活的生物体中获取营养，通常与藻类、植物甚至节肢动物形成共生关系。子囊菌亚门物种丰富，占真菌总量的 75％以上，包括酵母、青霉菌（产黄青霉）、羊肚菌、块菌和大多数动植物病原体。根据真菌数据库，大多数真菌 OTU（>2/3）是腐养真菌。腐生真菌主要调节养分循环中的碳、氮和磷，是生态系统中养分再分配的关键因素。值得关注的是，顶孢霉作为一种常见的土壤腐生真菌，大量分布于罗非鱼和鳙鱼的前肠、中肠、后肠段，是罗非鱼和鳙鱼肠道中的优势种，表明顶孢霉的腐生能力可能在鱼肠的营养和吸收中发挥作用。

罗非鱼和鳙鱼肠道真菌菌群的组成和结构存在显著差异，这可能是由于食性或营养级不同造成的。从食性上来看，罗非鱼是一种杂食性鱼类，生活在水体的下层和中层，在湖泊和水库等自然条件下以植物性饵料为主。鳙作为滤食性鱼类，生活在水体中上层，主要以浮游动物和轮虫类、枝角类、桡足类等原生动物为食。因此，罗非鱼肠道内有丰度更高的真菌 OTU，该结果与肠道微生物多样性通常在食肉动物、食草动物和杂食动物中依次增加的观点相符。从肠道功能的角度来看，鱼类肠道的不同部分具有不同的功能，如消化和吸收功能由不同肠段负责。无论是多样性分析还是特异 OTU 分布分析，均表明罗非鱼的后肠和前、中肠的真菌群落之间没有显著差异，但鳙的后肠和前、中肠的真菌群落之间有明显差异。例如，与前肠和中肠真菌相比，鳙后肠中腐生真菌的丰度急剧下降。这

些结果表明，真菌群落不仅与宿主物种特异性有关，还与不同肠段的肠道生理功能有关。

值得关注的是，本研究中有 41 个 OTU 被注释为可能或高度可能的致病真菌，这意味着肠黏膜可能是致病真菌的入侵和定殖的潜在位点。微生物中真菌生物群的比例相对较小，在人体微生物组中低于 0.1%，但作为腐生生物、病原体和共生生物，真菌在动植物的维持健康和病变过程中均起着至关重要的作用。

（四）结论

综上所述，本研究基于 ITS 序列对罗非鱼和鳙鱼肠道真菌群落的组成和结构进行了综合分析。结果表明，罗非鱼和鳙鱼肠道的真菌群落组成和结构存在显著差异，但同一种鱼内不同肠段的真菌群落组成和结构没有显著差异。对这 2 种鱼真菌 OTU 的潜在功能分析表明，腐生真菌占优势，其次是致病真菌，但这些真菌在肠道各段的分布并不均匀，尤其是在鳙的后肠与前肠、中肠有明显差异。本研究有助于更好地了解罗非鱼和鳙鱼肠道中真菌群落的组成和功能。

第五章　净水渔业辅助措施——库区流域生态修复与保护

库区流域生态修复与保护，是以生态系统结构完整和生态系统健康为核心开展的保护工作，着力改善流域生态环境，提高水体自净能力，从而保障和加速净水渔业项目实施效果。事实上，净水渔业本身，即属于库区流域生态修复的一种手段。

根据不同水库面临的不同环境问题，可根据技术的适用性和使用原则等实际情况，选择适宜的方案。在选择技术方案时，应考虑以下3个方面。

（1）生态自我恢复为主，人工干预为辅。在流域生态环境保护与保育工作中要强调生态系统的自然恢复，要因地制宜，强调生态系统恢复中本地土著物种的优先使用，要逐步提高生态系统自我恢复能力。

（2）对于人类活动影响较轻的流域生态系统，当去除或减轻人类活动造成的胁迫因子，通过库区生态系统本身的恢复力，辅助以污染控制、水文条件的改善等措施以后，可靠自然演替实现生态系统的自我恢复。

（3）对于受人类活动干扰较大的流域生态系统，在去除胁迫因子或称“卸荷”后，还需要辅助以人工措施创造生境条件，进而发挥自然的修复功能，实现某种程度的修复。

一、消落带修复与保护

消落带问题是水库运行中最为严重的生态问题之一。一方面水库淹没自然消落带湿地，并带来自然消落带植物资源的消亡，同时大坝截断了流域上下游之间的交流，断化消落带功能的完整性；另一方面水库消落带往往会造成植被破坏，生物多样性下降，小气候恶化，库岸遭受侵蚀，严重威胁库区安全。水库的水体和陆地之间主要通过水库消落带相互作用。消落带上的植被对水陆生态系统间的物流、能流、信息流和生物流等发挥着廊道、过滤器和屏障作用功能。消落带受到库区水位变化的强烈影响，其植物群落组成、结构和分布格局以及生态环境因子等十分独特。对增加动植物物种种源、提高生物多样性和生态系统生产力、进行水土污染治理和保护、稳定库岸、美化环境、开展旅游活动均有着重要的现实意义和潜在价值。

消落带属于河漫滩型人工湿地。由于水库调蓄运行和自然条件等原因，常导致水位频繁和大幅度波动，水库边缘植被往往易遭受破坏。因此，消落带的植被恢复与重建具有其独特的方式，最好的选择是以植被工程为主、土石工程为辅的规模性治理，在库区的土质库岸段营造人工的、湿生的、固土能力强的、部分经济利用的、具观赏价值的湿地草丛、湿地灌丛等保护型、经济型及观赏型植被类型，建立防止岸坡遭受侵蚀的立体防护植被带。

消落带中，坡度较缓、变幅带较宽的区域，地形变化丰富、库湾发育度高的区域，水鸟、鱼类、两栖和爬行动物类比较丰富的区域应划定为生物多样性保护功能区；坡度较大、水土流失风险较高的区域应划定为水土保持功能区；岸基不稳、护岸要求较高的区域应划定为护岸功能区；景观美学价值较高的区域，可适当选择部分区域应划定为休闲娱乐区。遵循自然化率不降低的原则，对不同类型的区域开展不同目标的消落带整治与修复。

二、流域水源涵养林生态保育

采取有效措施加强水源涵养林建设对于入库径流的水质净化与水源的涵养具有重要的作用。在流域水源涵养区实施水土保持、植树造林等工程，在符合土地利用总体规划并确保耕地和基本农田保护目标的前提下实施退耕还林等工程，提高水源涵养能力，从源头上提供清洁、充足的水源。同时应尤其注重保护周边公益林、防护林等森林系统，提高其对湖泊及其岸带生物多样性的保护能力。

广西大量水库周边坡地和库中岛屿种植速生桉，不仅在种植过程中因放火炼山、大量施肥等原因导致营养物质流入水库，其水土涵养能力也远比不过原生树种，因此，必须结合涵养林改造工程的实施，清除一级保护区及库周 500 m 范围内的速生桉，因地制宜地选择保水树种进行种植。

三、入库河流生态保育

入库河流水质的好坏直接影响相应库区的生态环境状态，根据其环境功能的不同，有些入库河流还兼具航运、防洪等功能，对河流的生态环境保护和保育增加了难度。因此湖泊入湖河流生态保育方案的制定，需要综合考虑入库河流生态环境现状、流域污染负荷状况、水文水动力特点和环境功能等，根据实际需要科学确定保育目标，系统开展工程方案设计。

广西的入库河流多为山区河流，山区地形和地质结构复杂、气候差异悬殊、自然条件恶劣，往往具有暴雨后洪峰出现时间短、洪峰流量大、河道坡降陡、洪水洪枯变幅大、洪水冲刷力强、河岸植被脆弱、水土流失严重等显著特点。其生态保育应注重整治的整体效果，结合城镇建设、生态环境建设、农田改造项目，统筹规划，协调布置，互不干扰，分步分项逐步实施。生态治理技术形式主要可从以下方面重点体现。

（1）在流域内采取水土保持措施，退耕还林，封山育林，拦截地面径流，减少泥沙进入河道。

（2）进行河道整治，在河道上游修建一定的拦沙坝、谷坊坝等拦截泥沙；疏浚河道，清除阻水障碍，保持河道畅通。

（3）关键河段修建堤防或护岸工程，约束水流，保护岸坡稳定；在适宜的水文、地质条件下可选择生态型护坡型式。

（4）开展河道水质净化，可采用多种技术手段，如人工打捞水体内的藻类、树叶、枯草、垃圾等；通过底泥疏浚去除底泥所含的污染物；重金属离子化学固定技术；曝气增氧和生物膜技术等。

四、农田面源污染防治

农田种植业生产过程中产生的污染物主要包括氮、磷、农田废弃物和残留农药等，造成水体污染的农药主要是有机氯（滴滴涕、六六六、毒杀酚等）和有机磷（甲胺磷、对硫磷、敌敌畏等）两大类。值得一提的是，农药残留会影响净水渔业有机鱼品牌的打造。农田面源污染面广量大，污染主体多，污染源分散且隐蔽，发生的时间和空间具有随机性和不确定性，难监测、难量化，控制难度较大。氮、磷等无机物污染和农药带来的有机污染，使得农田面源污染呈现出复合污染特征。加上农业生产经营的多样化，难以制定统一的技术标准和措施进行治理。

农田面源污染产生量首先是受降水的强烈影响，降水量越大、降水强度越高，污染产生量就越大。水是农田面源污染向水体迁移的载体。降水产生地表径流或淋溶时，溶于水中的污染物向水体迁移。降水强度越大，径流量越大，农田向水体迁移的污染量越多。其次是受施肥量和施肥时间的强烈影响，施肥量越高，污染产生的风险越大。施肥一周内是农田面源污染的高风险期，施肥一周以后则风险较低。再次是受土壤类型、耕作方式及肥料种类等的影响。旱地以淋溶和氨挥发损失为主，稻田以径流和氨挥发损失为主。粗质地土壤漏水、漏肥，污染物以淋溶方式迁移的风险大。石灰性等碱性土壤氨挥发风险大。温度越高氨挥发量越大。速效氮肥如尿素、碳铵等流失风险较大，而有机肥和缓控释肥相对较小。

农田面源污染控制应对面源污水实行分区、分级、分时段综合处理和控制。分区控制即划分不同污染风险区进行控制，根据农田距离河库的位置进行风险区的划分。离河库近的区域严格实行总量控制，发展稻田综合种养等生态循环农业；其他地区要兼顾产量和环境，发展高产高效低污农业。分级控制，即根据不同区域污染水体的重要性以及污染途径的贡献进行优先排序分级控制，应重点控制径流，以氨挥发和渗漏控制为辅；农药污染严重的区域则以农药控制为主。分段控制，即根据污染发生过程中污染的严重程度进行分段控制，应重点对雨季进行控制，对污水进行收集与处理；降水时应重点控制初期径流。施肥季应注重施肥一周内的污染防控。农田面源污染防治应把握以下关键点：

（1）禁止在25°以上陡坡地开垦种植农作物，在25°以上陡坡地种植经济林的，应当科学选择植物种，合理确定规模，采取水土保持措施，防止水土流失。在5°～25°荒坡地开垦种植农作物，应当采取水土保持措施，采取等高种植。在山区开发过程中可采取“顶林、腰园、谷农、塘鱼”的山地立体开发模式，使农田面源污染最小化。

（2）采用精准化平衡施肥技术、科学施肥方式、大力推广缓释肥料，合理减少农田养分投入，提高氮磷养分利用率，从而减少农田面源污染。

（3）优化种植制度，采用间作、套种、轮作、休闲地上种绿肥等技术提高植被覆盖度，提高土壤抗蚀性能，降低面源污染发生风险。针对旱地尤其是坡耕地，应采用保护性耕作的土壤养分流失控制技术，如免耕技术、等高耕作技术、沟垄耕作技术等，减少地表产流次数和径流量，降低氮、磷养分流失。使用节水灌溉技术，包括喷灌技术、微灌技术和低压管道灌溉技术。

（4）通过微生物资源进行转换，使秸秆等资源重新回到农业生态系统，进而对资源进行多级利用，提高资源的价值。

（5）推广农田面源污染过程阻断技术，通过建立生态拦截系统，有效阻断径流水中氮、磷等污染物进入水环境。目前农田面源污染过程阻断常用的技术有两大类：一类是农田内部的拦截，如稻田生态田埂技术、生态拦截缓冲带技术、生物篱技术、果园生草技术等；另一大类是污染物离开农田后的拦截阻断技术，包括生态拦截沟渠技术、生态护岸边坡技术等。通过对现有沟渠的生态改造和功能强化，或者额外建设生态工程，对污染物主要是氮、磷进行强化净化和深度处理，滞留土壤氮、磷于田内和（或）沟渠中，实现污染物中氮、磷的减量化排放或最大化去除以及氮、磷的资源化利用。

五、水生植物种植

利用水生植物净化水质也是水库生态修复的重要措施之一，包括挺水植物如菖蒲、芦苇，沉水植物如轮叶黑藻、金鱼藻，浮叶植物如睡莲，漂浮植物如浮萍、水花生等，水草吸收营养盐后合成自身物质，可减少水中的氮、磷。但水草枯亡后，微生物的作用使其腐烂、分解，水草吸收的营养盐又再次释放回水体，成为水体营养物质的内源污染，富营养化的现象仍旧会发生。因此，及时打捞和清理水库中枯亡水草和污染物对维护水库水环境非常重要。而且从经济角度考虑，收割水草也需要支付一定的劳力和财力。相比之下，净水渔业技术放养的鲢、鳙等净水鱼类，氮、磷随鱼类的捕捞移出水体，不会对水体造成二次污染。

水生植物种植和管理，主要考虑水体的溶解氧、温度和光照变化，当水体处于好氧状态时，水草吸收水中营养盐。一旦缺氧，水草将逐渐枯亡，腐烂后的水草就会导致水中营养盐浓度增加。温度过低会影响水草生长；温度过高时，水草释放营养盐的强度随之增大，且最大释放强度的时间随温度的升高而提前。光照越强，水草光合作用效果越好，光照越弱或避光的时候，水草快速死亡继而腐烂释放营养盐。

六、流域环境监管方案

在库区流域污染源控制及生态修复的同时，应加强全流域环境监管与综合管理，工程与非工程措施相结合，强化流域生态环境监测、监察和环境污染事故应急能力建设，完善流域环境管理制度建设，以加强对生态环境的保护。

（1）根据流域现状监管水平及水库生态环境保护工作的实际需要，提出流域环境监管能力建设方案。流域监管能力建设具体内容可参照《全国环境监测站建设标准》的通知（环发〔2007〕56号）、《全国环境监测站建设标准》补充说明（环办函〔2009〕1323号）、《全国环境监察标准化建设标准》（环发〔2011〕97号）、《全国环保部门环境应急能力建设标准》（环发〔2010〕146号）等文件。

（2）提出生态环境管理方案，包括制定详细的监测方案，明确监测点位、监测指标、频次和评价方法等，重视对历史超标因子、饮用水源地相关敏感指标的监测，并提出对有毒有害污染物风险、生态系统健康和风险的预防措施。

（3）明确方案的组织实施单位，从管理机构和队伍建设、责任分工、项目管理及绩效考核、公众参与等方面说明为保障方案实施而建立的相关制度，形成方案实施的保障措施；针对跨流域、跨地区的水库，应明确不同地区的责任及分工，建立沟通协调机制、联动机制等，共同组织开展保护工作。

七、政策保障

（1）将发展大水面净水渔业作为我区生态特色产业的重点领域进行规划和推进。

从加快广西渔业生态化转型、提升渔业效益和保护水环境的高度，将大水面净水渔业作为生态特色产业发展的重点任务，纳入自治区相关规划；设立由自治区农业农村、生态环境、水利、扶贫、旅游等相关部门组成的联席会议，协调、研究大水面净水渔业及相关产业发展重大事项，建立促进净水渔业发展的长效机制；结合“山水林田湖草生态保护和修复工程”和“良好湖泊保护”等项目，由净水渔业示范点所在地方政府牵头，组织公司、科研机构、相关行业管理部门共同推进净水渔业实施。

（2）政府出台政策，水陆联动，优化净水渔业发展的外部环境。

为保护示范区水资源和恢复、增强渔业资源，当地政府应采取水面管理与陆上管理相结合、日常管理与专项整治相结合、专业执法与群众参与相结合措施，治理各类污染源，全面清理整治饮用水水源地库区内非法的网箱养殖、畜禽养殖、水上餐厅经营等活动；调整速生桉等短轮伐期人工林，提高库区植被涵养水源、保持水土等功能；颁布渔业资源保护和管理办法。将净水渔业示范区的部分水域划为常年禁渔区，根据库区鱼类繁殖时间延长休渔期，保护产卵群体；取缔对渔业资源破坏严重的灯光、沉网诱捕渔具渔法。同时，出台相关政策，规范库区网箱养殖区域，划定养殖品种与养殖区域。对从事库区生态养殖、增殖、捕捞、经营等渔业生产及相关活动的单位和个人制定相应的规定。严厉打击偷捕和非法贩运鲢、鳙的违法犯罪行为。对重大违法捕捞案件和炸鱼案件等严重破坏渔业资源行为追究刑事责任。优化渔业发展的外部环境。

（3）加大投入，开展相关研究，为净水渔业发展提供科学依据。

设立研究专项，鼓励科研院校投入科技力量开展大库生态渔业方向性研究，实施示范水库鱼类资源与水域环境调查，评估养殖容量，在开展水库生态资源调查、水域生态环境承载力评估的基础上，科学确定适宜发展净水渔业的湖库水面，制定净水渔业发展专项规划。根据不同水库的功能定位和水质保护目标，分类实施不同的开发模式，在库区设置若干拦鱼拦网，对比试验投放不同规格、密度、投放比例鱼类的净水效果，保证库区渔业资源蕴藏量维持在合理的范围内，为政府决策大库渔业养、捕、管提供可操作依据。

参考文献

[1] 陈国宝，李永振，赵宪勇，等. 南海 5 类重要经济鱼类资源声学评估 [J]. 海洋学报，2006，28 (2)：128-134.

[2] 陈国宝，李永振，陈丕茂，等. 鱼类最佳体长频率分析组距研究 [J]. 中国水产科学，2008，15 (4)：659-666.

[3] 陈小华，李小平，程曦. 黄浦江和苏州河上游鱼类多样性组成的时空特征 [J]. 生物多样性，2008，16 (2)：191-196.

[4] 丛海兵，黄廷林，李创宇，等. 于桥水库沉积物内源污染特性研究 [J]. 水资源保护，2006，22 (4)：20-23.

[5] 崔奕波，李钟杰，等. 长江流域湖泊的渔业资源与环境保护：第一版 [M]. 北京：科学出版社，2005：1-8.

[6] 代应贵，陈毅峰. 清水江的鱼类区系及生态类型 [J]. 生态学杂志，2007，26 (5)：682-687.

[7] 费鸿年，何宝全，陈国铭. 南海北部大陆架底栖鱼类群聚的多样度以及优势种区域和季节变化 [J]. 水产学报，1981，5 (1)：1-20.

[8] 高慧琴，刘凌，闫峰，等. 底泥疏浚对湖泊内源磷释放的短期效应研究 [J]. 水资源保护，2011，27 (3)：33-37.

[9] 郭慧光，闫自申. 滇池富营养化及面源控制问题思考 [J]. 环境科学研究，1999，12 (5)：57-59.

[10] 胡菊英，姚文卿. 长江下游安徽段的鱼类 [J]. 安徽大学学报（自然科学），1996，20 (1)：96-101.

[11] 李贵宝，尹澄清，周怀东. 中国“三湖”的水环境问题和防治对策与管理 [J]. 水问题论坛，2011，7 (3)：36-39.

[12] 李捷，李新辉，贾晓平，等，连江鱼类群落多样性及其与环境因子的关系 [J]. 生态学报，2012，32 (18)：5795-5805.

[13] 林龙山，郑元甲，程家骅，等. 东海区底拖网渔业主要经济鱼类渔业生物

学的初步研究［J］．海洋科学，2006，30（2）：21-26．
［14］凌建忠，李圣法，严利平，等．基于 Beverton-Holt 模型的东海带鱼资源利用与管理［J］．应用生态学报，2008，19（1）：178-182．
［15］凌去非，李思发．长江天鹅州古道鱼类群落种类多样性［J］．中国水产科学，1998，5：1-5．
［16］钱宝，刘凌，肖潇．土壤有机质测定方法对比分析［J］．河海大学学报（自然科学版），2011，39（1）：34-38．
［17］钱君龙，张连弟，乐美麟．过硫酸盐消化法测定土壤全氮全磷［J］．土壤，1990，22（5）：258-262．
［18］茹辉军，刘学勤，黄向荣，等．大型通江湖泊洞庭湖的鱼类物种多样性及其时空变化［J］．湖泊科学，2008，20（1）：93-99．
［19］宋天祥，张国华，常剑波，等．洪湖鱼类多样性研究［J］．应用生态学报，1999，10（1）：86-90．
［20］谭细畅，夏立启，立川贤一，等．东湖放养鱼类时空分布的水声学研究［J］．水生生物学报，2002，26（6）：585-590．
［21］陶江平，陈永柏，乔晔，等．三峡水库成库期间鱼类空间分布的水声学研究［J］．水生态学杂志，2008，1（1）：25-33．
［22］王崇瑞，张辉，杜浩．采用 BioSonics DT-X 超声波回声仪评估青海湖裸鲤资源量及其空间分布［J］．淡水渔业，2011，41（3）：15-21．
［23］王靖，张超，王丹，等．清河水库鲢鳙鱼类资源声学评估——回波计数与回波积分法的比较［J］．南方水产，2010，6（5）：50-55．
［24］王晓燕，曹利平．中国农业非点源污染控制的经济措施探讨——以北京密云水库为例［J］．生态与农村环境学报，2006，22（2）：88-91．
［25］王晓燕，郭芳，蔡新广，等．密云水库潮白河流域非点源污染负荷［J］．城市环境与城市生态，2003，16（1）：31-33．
［26］谢松光，崔奕波，方榕乐，等．扁担塘小型鱼类的丰度和分布［J］．水生生物学报，1996，20：178-185．
［27］邢迎春，赵亚辉，李高岩，等．北京市怀沙—怀九河市级水生野生动物保护区鱼类物种多样性及其资源保护［J］．动物学杂志，2007，42（1）：29-37．
［28］阎伍玖，鲍祥．巢湖流域农业活动与非点源污染的初步研究［J］．水土保

持学报，2011，15（4）：129-132.

[29] 杨苏树，倪喜云. 大理州洱海流域农业非点源污染现状［J］. 农业环境与发展，1999，16（2）：43-44.

[30] 易朝路. 长江中下游静态水体污染后底泥吸附方式与内源污染治理［J］. 水资源护，2002，18（3）：24-26.

[31] 张章林. 保安湖麦穗鱼生物学、现存量和生产力研究［D］. 武汉：中国科学院水生生物研究所，1997：32-37.

[32] 张敏莹，徐东坡，段金荣，等. 长江常熟江段渔业群落结构及物种多样性初步研究［J］. 生态科学，2007，26（6）：525-530.

[33] 张慧杰，杨德国，危起伟，等. 葛洲坝至古老背江段鱼类的水声学调查［J］. 长江流域资源与环境，2007，16（1）：86-91.

[34] Aßhauer K P, Bernd W, Rolf D, et al. Tax4fun: predicting functional profiles from metagenomic 16S rRNA data［J］. Bioinformatics, 2015 (17): 2882-2884.

[35] Akin S, Buhan E, Winemiller K O, et al. Fish assemblage structure of Koycegiz lagoon-estuary, Turkey: spatial and temporal distribution patterns in relation to environmental variation［J］. Estuarine, Coastal and Shelf Science, 2005 (64): 671-684.

[36] Akin S, Winemiller K O, Gelwick F P. Seasonal and spatial variations in fish and macrocrustacean assemblage structure in Mad Island Marsh estuary, Texas［J］. Estuarine, Coastal and Shelf Science, 2003 (57): 269-282.

[37] Aranda E. Promising approaches towards biotransformation of polycyclic aromatic hydrocarbons with Ascomycota fungi［J］. Current Opinion in Biotechnology, 2016 (8): 1-8.

[38] Baldo L, Riera J L, Tooming-Klunderud A, et al. Gut Microbiota Dynamics during Dietary Shift in Eastern African Cichlid Fishes［J］. PLoS One, 2015 (10): e0127462.

[39] Bechtel T J, Copeland B J. Fish species diversity indices as indicator of pollution in Galveston Bay［J］. Texas. Contri Mar Sci Univ-Texas, 1970 (15): 103-132.

[40] Billard R, Berni P. Trends in cyprinid polyculture [J]. Cybium: international journal of ichthyology, 2004, 28 (3): 255-261.

[41] Binda C, Lopetuso L R, Rizzatti G, et al. Actinobacteria: a relevant minority for the maintenance of gut homeostasis [J]. Digestive & Liver Disease, 2018, 50 (5): 421-428.

[42] Bird A R, Conlon M A, Christophersen C T, et al. Resistant starch, large bowel fermentation and a broader perspective of prebiotics and probiotics [J]. Beneficial Microbes, 2010, 1 (4): 423-31.

[43] Blander J M, Longman R S, Iliev I. D, et al. Regulation of inflammation by microbiota interactions with the host [J]. Nat. Immunol, 2017 (18): 851-860.

[44] Blandford M I, Taylor-Brown A, Schlacher T A, et al. Epitheliocystis in fish: An emerging aquaculture disease with a global impact [J]. Transbound Emerg Dis, 2018 (65): 1436-1446.

[45] Bokulich N A, Subramanian S, Faith J J, et al. Qualityfiltering vastly improves diversity estimates from Illumina amplicon sequencing [J]. Nature Methods, 2013 (10): 57-59.

[46] Bolnick D I, Snowberg L K, Hirsch P E, et al. Individuals' diet diversity influences gut microbial diversity intwo freshwater fish (threespine stickleback and Eurasian perch) [J]. Ecol. Lett, 2014 (17): 979-987.

[47] Borsodi A K, Szabó A, Krett G, et al. Gut content microbiota of introduced bigheadedcarps (*Hypophthalmichthys* spp.) inhabiting the largest shallow lake in Central Europe [J]. Microbiological Research, 2017 (195): 40-50.

[48] Brown L R. Fish communities and their associates with envionmental variables, lower San Joaquin River drainage, California [J]. Environmental Biology of Fishes, 2000, 57 (3): 251-269.

[49] Brown R M, Wiens G D, Salinas I. Analysis of the gut and gill microbiome of resistant and susceptible lines of rainbow trout (Oncorhynchus mykiss) [J]. Fish Shellfish Immunol, 2019 (86): 497-506.

[50] Buttigieg P L, Ramette A. A guide to statistical analysis in microbial ecol-

ogy: a community-focused, living review of multivariate data analyses [J]. FEMS Microbiology Ecology, 2014, 90 (3): 543-550.

[51] Cameron B G, Spacie A. Changes in fish assemblage structure upstream of impoundments within the upper wabash river basin, Indiana [J]. Transactions of the American Fisheries Society, 2006, 135 (3): 570-583.

[52] Caporaso J G, Kuczynski J, Stombaugh J, et al. QIIME allows analysis of high-throughput community sequencing data [J]. Nature Methods, 2010 (7): 335-336.

[53] Caruff o M, Navarrete N, Salgado O, et al. Potential probiotic yeasts isolated from the fish gut protect zebrafi sh (Danio rerio) from a Vibrio anguillarum challenge [J]. Frontiers in Microbiology, 2015 (6): 1093.

[54] Chen, S, Zhou, Y, Chen, Y, et al. fastp: an ultra-fast all-in-one FASTQ preprocessor [J]. Bioinformatics, 2018 (34): 884-890.

[55] Fishery Bureau, Ministry of Agriculture . China Fishery Statistical Yearbook [M]. Beijing: China Agriculture Press, 2018.

[56] Clarke K, Warwick R M. Ataxonomic distinctness indexand its statisticalproperties [J]. J Appl Ecot, 1998 (35): 523-531.

[57] Cohen K. E, Hernandez L. P. Making a master filterer: Ontogeny of specialized filtering plates in silver carp (Hypophthalmichthys molitrix) [J]. Morphol, 2018 (279), 925-935.

[58] Crivelli A J, Catsadorakis G, Malakou M. Fish and fisheries of the Prespa lakes [J]. *Hydrobiologia*, 1997 (351): 107-125.

[59] Crowther T W, Boddy L, Hefi n Jones T. Functional and ecological consequences of saprotrophic fungus-grazer interactions [J]. The ISME Journal, 2012 (6): 1992-2001.

[60] Cui L J, Morris A, Ghedin E. The human mycobiome in health and disease [J]. Genome Medicine, 2013 (5): 63.

[61] Degani G, Yehuda Y, Jackson J, et al. Temporal variation in fish community structure in a newly created wetland lake (Lake Agmon) in Israel [J]. *Wetlands Eco Manag*, 1998 (6): 151-157.

[62] Del'Duca A, Cesar D. E, Abreu P. C. Bacterial community of pond's

water, sediment and in the guts of tilapia (Oreochromis niloticus) juveniles characterized by fluorescent in situ hybridization technique [J]. Aquac. Res, 2015 (46): 707-715.

[63] Dehler C. E, Secombes C. J, Martin S. A. Environmental and physiological factors shape the gut microbiota of Atlantic salmon parr (*Salmo salar* L.) [J]. Aquaculture, 2017 (467): 149-157.

[64] Denstadli V, Vegusdal A, Krogdahl Å, et al. Lipid absorption in diff erent segments of the gastrointestinal tract of Atlantic salmon (*Salmo sala* r L.) [J]. Aquaculture, 2004, 240 (1-4): 385-398.

[65] Dhariwal A, Chong J, Habib S, et al. MicrobiomeAnalyst: a web-based tool for comprehensive statistical, visual and metaanalysis of microbiome data [J]. Nucleic Acids Res, 2017 (45): 180-188.

[66] Domaizon I, D'evaux J. Impact of moderate silver carp biomass gradient on zooplankton communities in a eutrophic reservoir. Consequences for the use of silver carp in biomanipulation [J]. Comptes Rendus de l'Acad'emie des Sciences, 1999 (322): 621-628.

[67] Duncan A, Kubecka J. Hydroacoustic methods of fish survey [J]. National Rivers Authority, 1993, 196 (2): 136.

[68] Edgar R. C. UPARSE: highly accurate OTU sequences from microbial amplicon reads [J]. Nature Methods, 2013 (10): 996-998.

[69] Edgar R. C, Haas, B. J, Clemente, J. C, et al. UCHIME improves sensitivity and speed of chimera detection [J]. Bioinformatics, 2011 (27): 2194-2200.

[70] Egerton S, Culloty S, Whooley J, et al. The Gut Microbiota of Marine Fish [J]. Front. Microbiol, 2018 (9): 873.

[71] Eichmiller J J, Hamilton M J, Staley C, et al. Environment shapes the fecal microbiome of invasive carp species [J]. Microbiome, 2016, 4 (1): 44.

[72] Ellison M D, Hung R T, Harris K, et al. Report of the first case of invasive fungal sinusitis caused by Scopulariopsis acremonium: review of scopulariopsis infections [J]. Archives of Otolaryngology-Head & Neck Sur-

gery，1998，124（9）：1014-1016.

[73] Elliott J M，Fletcher J M. A comparison of three methods for assessing the abundance of Arctic charr，Salvelinus alpinus，in Windermere（northwest England）[J]. Fish Res，2001，53（1）：39-46.

[74] Fairbairn D J，Karpuzcu M E，Arnold W A，et al. Sediment-water distribution of contaminants of emerging concern in a mixed use watershed [J]. Science of the Total Environment，2015（505）：896-904.

[75] Feng W，Zhang J，Jakovlic I，et al. Gut segments outweigh the diet in shaping the intestinal microbiota composition in grass carp Ctenopharyngodon idellus [J]. AMB Express，2019（9）：44.

[76] Flint H. J，Scott K. P，Louis，P，et al. The role of the gut microbiota in nutrition and health [J]. Nat. Rev. Gastroenterol. Hepatol，2012（9）：577-589.

[77] Frans I，Michiels C. W，Bossier P，et al. Vibrio anguillarum as a fish pathogen：virulence factors，diagnosis and prevention [J]. Fish Dis，2011（34）：643-661.

[78] Gadd G M. Geomycology：biogeochemical transformations of rocks，minerals，metals and radionuclides by fungi，bioweathering and bioremediation [J]. Mycological Research，2007，111（1）：3-49.

[79] Gatesoupe F J. Live yeasts in the gut：natural occurrence，dietary introduction，and their effects on fi sh health and development [J]. Aquaculture，2007，267（1-4）：20-30.

[80] Giatsis C，Sipkema D，Smidt H，et al. The impact of rearing environment on the development of gut microbiota in tilapia larvae [J]. Sci. Rep，2015（5）：18206.

[81] Guo M，Wu F，Hao G，et al. Bacillus subtilis improves immunity and disease resistance in rabbits [J]. Front. Immunol，2017（8）：354.

[82] Gysels E，Janssens L，Vos L D，et al. Food and habitat of four xenotilapia species in a sandy bay of northern lake Tanganyika [J]. J Fish Biol，1997（50）：224-226.

[83] Hassaan M S，Soltan M A，Jarmolowicz S，et al. Combined effects of di-

etary malic acid and Bacillus subtilis on growth, gut microbiota and blood parameters of Nile tilapia (Oreochromis niloticus) [J]. Aquaculture Nutrition, 2018, 24 (1): 83-93.

[84] Halpern M, Izhaki I. Fish as Hosts of Vibrio cholera [J]. Frontiers in Microbiology, 2017 (8): 282.

[85] Hillman R E, Davis N W, Wennemer J. Abundance, diversity and stability in sbore-zone fish communities in an area of Long Island Sound affected by the thermal discharge of a nuclear power station [J]. Estu, Coas-Mar Sci, 1977 (5): 355-382.

[86] Hou D, Huang Z, Zeng S, et al. Comparative analysis of the bacterial community compositions of the shrimp intestine, surrounding water and sediment [J]. Appl. Microbiol, 2018 (125): 792-799.

[87] Huang F, Pan L Q, Song M S, et al. Microbiota assemblages of water, sediment, and intestine and their associations with environmental factors and shrimp physiological health. Appl [J]. Microbiol. Biotechnol, 2018 (102): 8585-8598.

[88] Jiao S, Liu Z, Lin Y, et al. Bacterial communities in oil contaminated soils: biogeography and cooccurrence patterns [J]. Soil Biol. Biochem, 2016 (98): 64-73.

[89] Jin B S, Qin H M, Xu W, et al. Nekton use of intertidal creek edges in low salinity salt marshes of the Yangtze River estuary along a stream-order gradient [J]. Estuarine, Coastal and Shelf Science, 2010 (88): 419-428.

[90] Johannesson K A, Itson R B. Fisheries acoustics: a practical manual for aquatic biomass estimation [R]. FAO Fisheries Technical Paper. 1983 (240): 65-75.

[91] Joly-Guillou M L. Clinical impact and pathogenicity of Acinetobacter. Clin Microbiol [J]. Infect, 2005 (11): 868-873.

[92] Kashinskaya E N, Simonov E P, Kabilov M R, et al. Diet and other environmental factors shape the bacterial communities offish gut in an eutrophic lake [J]. Journal of Applied Microbiology, 2018, 125 (6): 1626-1641.

[93] Katharina E E, Javier L. Composition and trophic structure of a fish community of a clear water Atlantic rainforest stream in southeastern Brazil [J]. Envio Bio Fish, 2001 (62): 429-440.

[94] Kadye W T, Magadza C H D, Moyo N A G, et al. Stream fish assemblages in relation to environmental factors on a montane plateau (Nyika Plateau, Malawi) [J]. Envionmental Biology of Fishes, 2008, 83 (4): 417-428.

[95] Keith B G, William J M. Dynamics of the offshore fish assemblage in a southwesternreservoir (Lake Texoma, Oklahoma-Texas) [J]. Copeia, 2000 (4): 917-930.

[96] Kruk A, Lek S, Penczak T, et al. Fish assemblages in the large lowland Narew River system (Poland): application of the self-organizing map algorithm [J]. Ecological Modelling, 2007, 203 (1/2): 45-61.

[97] Lahti L, Shetty S. Tools for microbiome analysis in R [J]. Microbiome package version 1996, 2017.

[98] Larsen A. M, Mohammed H. H, Arias C. R. Characterization of the gut microbiota of three commercially valuable warmwater fish species [J]. Appl. Microbiol, 2014, (116): 1396-1404.

[99] Legrand T P R A, Catalano S R, Wos-Oxley M L, et al. The Inner Workings of the Outer Surface: Skin and Gill Microbiota as Indicators of Changing Gut Health in Yellowtail Kingfish [J]. Front. Microbiol, 2017 (8): 2664.

[100] Leitão R, Martino F, Cabral H N, et al. The fish assemblage of the-Mondego estuary: composition, structure and trends over the past two decades [J]. Hydrobiologia, 2007 (587): 269-279.

[101] Le H T M D, Shao X T, Krogdahl Å, et al. Intestinal function of the stomachless fish, Ballan wrasse (Labrus bergylta) [J]. Frontiers in Marine Science, 2019 (6): 140.

[102] Li J W, Liu G, Li C W, Deng Y L, et al. Effects of different solid carbon sources on water quality, biofl oc quality and gut microbiota of Nile tilapia (Oreochromis niloticus) larvae [J]. Aquaculture, 2018 (495):

919-931.

[103] Li J, Ni J, Li J, et al. Comparative study on gastrointestinal microbiota of eight fish species with different feeding habits [J]. Appl. Microbiol, 2014 (117): 1750-1760.

[104] Li X H, Yu Y H, Li C, et al. Comparative study on the gut microbiotas of four economically important Asian carp species [J]. Sci. China-Life Sci, 2018 (61): 696-705.

[105] Liu H, Guo X W, Gooneratne R, et al. The gut microbiome and degradation enzyme activity of wild freshwater fishes influenced by their trophic levels [J]. Sci. Rep, 2016 (6): 24340.

[106] Lowrey L, Woodhams D C, Tacchi L, et al. Topographical Mapping of the Rainbow Trout (Oncorhynchus mykiss) Microbiome Reveals a Diverse Bacterial Community with Antifungal Properties in the Skin. Appl [J]. Environ. Microbiol, 2015 (81): 6915-6925.

[107] Li X H, Yu Y H, Li C, et al. Comparative study on the gut microbiotas of four economically important Asian carp species [J]. Science China Life Sciences, 2018b (61): 696-705.

[108] Li X M, Zhu Y J, Ringø E, et al. Intestinal microbiome and its potential functions in bighead carp (Aristichthys nobilis) under differentfeeding strategies [J]. PeerJ, 2018, c (6): e6000.

[109] Lin K T, Wang W X, Ruan H T, et al. Transcriptome analysis of diff erentially expressed genes in the fore- and hind-intestine of ovatepompano TrachinOTUs ovatus [J]. Aquaculture, 2019 (508): 76-82.

[110] López-López E, Sedeň-Díaz J E, Romero, et al. Spatial and seasonal distribution patterns of fish assemblages in the Río Champótn, southeastern Mexico [J]. Review of Fish Biology and Fisheries, 2009 (19): 127-142.

[111] Lynch S V, Pedersen O. The human intestinal microbiome in health and disease [J]. The New England Journal of Medicine, 2016 (375): 2369-2379.

[112] Maclennan D N, Simmonds E J. Fisheries acoustics [M]. London:

Chapman&Hall，1992：336-337.

[113] Magoč T，Salzberg S L. FLASH：fast length adjustment of short reads to improve genome assemblies [J]. Bioinformatics，2011，27 (21)：2957-2963.

[114] Marden C L，McDonald R，Schreier H J，et al. Investigation into the fungal diversity within different regions of the gastrointestinal tract of Panaque nigrolineatus，a wood-eating fish [J]. AIMS Microbiology，2017，3 (4)：749-761.

[115] Mark B B，John T F，Henry E B. A quantitative method for sampling riverine micro habitats by electrofishing [J]. N Amer J Fish Manag，1985 (5)：489-493.

[116] Martino E J，Able K W. Fish assemblages across the marine to low salinity transition zone of a temperate estuary [J]. Estuarine，Coastal and Shelf Science，2003 (56)：969-987.

[117] Ma H，Cui F Y，Fan Z Q，et al. Efficient control of Microcystis blooms by promoting biological filter-feeding in raw water [J]. Ecol. Eng，2012，(47)：71-75.

[118] Magoč T，Salzberg S L. FLASH：fast length adjustment of short reads to improve genome assemblies [J]. Bioinformatics，2011 (21)：2957-2963.

[119] deMendiburu F. agricolae：Statistical Procedures for Agricultural Research. R Package Version 1.3-2 [DB/OL]. http：//CRAN.R-project.org/package=agricolae，2015.

[120] Miyake S，Ngugi D K，Stingl U. Diet strongly influences the gut microbiota of surgeonfishes [J]. Mol. Ecol，2015 (24)，656-672.

[121] Michael R D. Effectiveness of a drop net，a pop net，and an electrofishing frame for collecting quantitative samples ofjuvenile fishes invegetation [J]. NAmer Jfish Manag，1992 (12)：808-813.

[122] Miranda J R，Mouillot D，Hernandez D F，et al. Changes in four complementary facets of fish diversity in a tropical coastal lagoon after 18 years：a functional interpretation [R]. Marine Ecology Progress Series，

2005 (304): 1-13.

[123] Nash A K, Auchtung T A, Wong M C, et al. The gut mycobiome of the Human Microbiome Project healthy cohort [J]. Microbiome, 2017 (5): 153.

[124] Nayak S K. Role of gastrointestinal microbiota in fish [J]. Aquaculture Research, 2010, 41 (11): 1553-1573.

[125] Nazir R, Mazurier S, Yang P, et al. The ecological role of type three secretion systems in the interaction of bacteria with fungi in soil and related habitats is diverse and context-dependent [J]. Frontiers in Microbiology, 2017 (8): 38.

[126] Nicholson J K, Holmes E, Kinross J, et al. Host-gut microbiota metabolic interactions [J]. Science, 2012 (336): 1262-1267.

[127] Nguyen N H, Song Z W, Bates S T, et al. FUNGuild: An open annotation tool for parsing fungal community datasets by ecological guild [J]. Fungal Ecology, 2016 (20): 241-248.

[128] Nguyen T A, Cissé O H, Wong J Y, et al. Innovation and constraint leading to complex multicellularity in the Ascomycota [J]. Nature Communications, 2017 (8): 14444.

[129] Paperno R, Brodie R B. Effects of environmental variables upon the spatial and temporal structure of a fish community in a small freshwater tributary of the Indian River Lagoon, Florida. [J]. Estuarine, Coastal and Shelf Science, 2004 (61): 229-241.

[130] Parks D H, Tyson G W, Hugenholtz P, et al. STAMP: statistical analysis of taxonomic and functional profiles [J]. Bioinformatics, 2014 (30): 3123-3124.

[131] Peay K G, Kennedy P G, Talbot J M. Dimensions of biodiversity in the Earth mycobiome [J]. Nature Reviews Microbiology, 2016 (14): 434-447.

[132] Perez T, Balcazar J L, Ruiz-Zarzuela I, et al. Host-microbiota interactions within the fish intestinal ecosystem [J]. Mucosal Immunol, 2010 (3), 355-360.

[133] Pratte Z A, Besson M, Hollman R. D, et al. The Gills of Reef Fish Support a Distinct Microbiome Influenced by Host-Specific Factors [J]. Appl. Environ Microbiol, 2018 (84): 63.

[134] Qin J J, Li R Q, Raes J, Arumugam M, et al. A human gut microbial gene catalogue established by metagenomic sequencing [J]. Nature, 2010, 464 (7285): 59-65.

[135] Quast C, Pruesse E, Yilmaz P, et al. The SILVA ribosomal RNA gene database project: improvedata processing and web-based tools [J]. Nucleic Acids Res, 2013 (41): 590-596.

[136] Radke R. J, Kahl U. Effects of a filter-feeding fish [silver carp, Hypophthalmichthys molitrix (Val.)] on phyto- and zooplankton in a mesotrophicreservoir: results from an enclosure experiment [J]. Freshw. Biol, 2002 (47): 2337-2344.

[137] Razak S. A, Griffin M. J, Mischke C. C, et al. Biotic and abiotic factors influencing channel catfish egg and gut microbiome dynamics during early life stages [J]. Aquaculture, 2019 (498): 556-567.

[138] Reis E G, Pawson M G. Fish morphology and estimating electivity by gillnets [J]. FishRes, 1999 (39): 263-273.

[139] Reverter M, Sasal P, Tapissier-Bontemps N, et al. Characterisation of the gill mucosal bacterial communities of four butterflyfishspecies: a reservoir of bacterial diversity in coral reefs ecosystems [J]. FEMS Microbiol, 2017, (93): 51.

[140] Rooks M G, Garrett W S. Gut microbiota, metabolites and host immunity [J]. Nature Reviews Immunology, 2016 (16): 341-352.

[141] Ruca-Rokosz R, Tomaszek J A. Methane and carbon dioxide in the sediment of a eutrophic rservoir: production pathways and diffusion fluxes at the sediment-water interface [J]. Water Air and Soil Pollution, 2015, 226 (2): 1-16.

[142] Ruttenberg K C. Development of aseqential extraction method for different forms of phosphorus in marine sediments [J]. Limnol Oceanogr, 1992, 37 (7): 1460-1482.

[143] Rydin E. Potentially mobile phosphorus in lake erkensediment [J]. WaterRsearch, 2000, 34 (7): 2037-2042.
[144] Salinas I. The Mucosal Immune System of Teleost Fish [J]. Biology, 2015 (4): 525-539.
[145] Sarlin P J, Philip R. Effi cacy of marine yeasts and baker's yeast as immunostimulants in Fenneropenaeus indicus: a comparative study [J]. Aquaculture, 2011, 321 (3-4): 173-178.
[146] Schoch C L, Sung G H, López-Girάldez F, et al. The Ascomycota tree of life: a phylum-wide phylogenyclarifi es the origin and evolution of fundamental reproductive and ecological traits [J]. Systematic Biology, 2009, 58 (2): 224-239.
[147] Seed P C. The human mycobiome [J]. Cold Spring Harbor Perspectives in Medicine, 2014 (5): a019810.
[148] Segata N, Izard J, Waldron L, et al. Metagenomic biomarker discovery and explanation [J]. GenomeBiol, 2011 (12): 1-18.
[149] Selleslagh J, Amara R, Laffargue P, et al. Fish composition and assemblage structure in three Eastern English Channel macrotidal estuaries: A comparison with other French estuaries [J]. Estuarine, Coastal and Shelf Science, 2009 (81): 149-159.
[150] Selleslagh J, Amara R. Environmental factors structuring fish composition and assemblages in a small macrotidal estuary (eastern English Channel) [J]. Estuarine, Coastal and Shelf Science, 2008 (79): 507-517.
[151] Semova I, Carten J. D, Stombaugh J, et al. Microbiota regulate intestinal absorption and metabolism of fatty acids inthe zebrafish [J]. Cell Host Microbe, 2012 (12), 277-288.
[152] Shahnawaz A, Venkateshwarlu M, Santosh K, et al. Fish diversity with relation to water quality of Bhadra River of Western Ghats (INDIA) [J]. Environmental Monitoring and Assessment, 2010, 161 (1/4): 83-91.
[153] Shade A, Handelsman J. Beyond the Venn diagram: the hunt for a coremicrobiome [J]. Environ. Microbiol, 2012 (14): 4-12.

[154] Shao Z，Xie P，Zhuge Y. Long-term changes of planktonic rotifers in a subtropical Chinese lake dominated by filter-feeding fishes [J]. Freshw. Biol，2001 (46)，973-986.

[155] Shenhav L，Thompson M，Joseph T A，et al. FEAST：fast expectation-maximization formicrobial source tracking [J]. Nat. Methods，2019 (16)：627-632.

[156] Shin N. R，Whon T. W，Bae J. W. Proteobacteria：microbial signature of dysbiosis in gut microbiota [J]. Trends Biotechnol，2015 (33)：496-503.

[157] Sivano，Begossi A. Seasonal dynamics of fishery at the Piracicaba River (Brazil) [J]. FiShRes，2001 (52)：69-86.

[158] Smith C C R，Snowberg L K，Caporaso J G，et al. Dietary input of microbes and host genetic variation shape among-population differences in-stickleback gut microbiota [J]. ISME J，2015，9 (11)：2515-2526.

[159] Smith T A，Kraft C E. Stream fish assemblages in relation to landscape position and local habitat variables [J]. Transactions of the American Fisheries，2005，134 (2)：430-440.

[160] Sullam K. E，Essinger S. D，Lozupone C. A，et al. Environmental and ecological factors that shape thegut bacterial communities of fish：a meta-analysis [J]. Mol. Ecol，2012 (21)：3363-3378.

[161] Sun F，Wang Y，Wang C，et al. Insights into the intestinal microbiota of several aquatic organisms and association with the surrounding environment [J]. Aquaculture，2019 (507)：196-202.

[162] Sun Y，Han W，Liu J，et al. Bacterial community compositions of crab intestine，surrounding water，and sediment in twodifferent feeding modes of Eriocheir sinensis [J]. Aquaculture Reports，2020 (16)：1-8.

[163] Talmage P J，Perry J A，Goldstein R M. Relation of instream habitat and physicalcondition to fish communities of agricultural streams In the northern Midwest [J]. N Amer J Fish Manag，2002 (22)：825-833.

[164] Talbot J M，Bruns T D，Smith D P，et al. Independent roles of ectomycorrhizal and saprotrophic communities in soil organic matter decomposi-

tion [J]. Soil Biology and Biochemistry, 2013 (57): 282-291.

[165] Talwar C, Nagar S, Lal R, et al. Fish gut microbiome: current approaches and future perspectives [J]. Indian Journal of Microbiology, 2018 (58): 397-414.

[166] Tran N T, Zhang J, Xiong F, et al. Altered gut microbiota associated with intestinal disease in grass carp (Ctenopharyngodonidellus) [J]. World Journal of Microbiology and Biotechnology, 2018 (34): 71.

[167] Vadstein O, Attramadal K. J. K, Bakke I, et al. Managing the Microbial Community of Marine Fish Larvae: A Holistic Perspective for Larviculture [J]. Front. Microbiol, 2018 (9): 1820.

[168] Valdes A M, Walter J, Segal E, et al. Re: Role of the gut microbiota in nutrition and health [J]. Br. Med, 2018, 361 (4): 17—22.

[169] Voglmayr H, Moussa T A A, Gorbushina A, et al. Exploring the genomic diversity of black yeasts and relatives (Chaetothyriales, Ascomycota) [J]. Studies in Mycology, 2017 (86): 1-28.

[170] Ernesto, Velázquez-Velázquez, Eugenia M, et al. Spatial and temporal variation of fish assemblages in a coastal lagoon of the Biosphere Reserve La Encrucijada, Chiapas, Mexico [J]. Revista de Biologia Tropical, 2008 (56): 557-574.

[171] Viaud S, Saccheri F, Mignot G, Yamazaki, T, et al. The Intestinal Microbiota Modulates theAnticancer Immune Effects of Cyclophosphamide [J]. Science, 2013 (342): 971-976.

[172] Wang A R, Ran C, Ringø E, et al. Progress in fish gastrointestinal microbiota research [J]. Reviews in Aquaculture, 2018, 10 (3): 626-640.

[173] Wang M, Liu G B, Lu M X, et al. Effect of Bacillus cereus as a water or feed additive on the gut microbiotaand immunological parameters of Nile tilapia [J]. Aquaculture Research, 2017, 48 (6): 3163-3173.

[174] Wang Q, Garrity G M, Tiedje J M, et al. Naive Bayesian classifier for rapid assignment of rRNA sequences into the new bacterial taxonomy [J]. Appl. Environ Microbiol, 2007 (73): 5261-5267.

［175］ Warwick M，Clarke K R. New biodiversity measures of reveal a decrease in taxonomic distinctness with increasing stress［R］. Marine EcologyProgress Series，1995（129）：301-305.

［176］ Wei N，Wang C，Xiao S，et al. Intestinal Microbiota in Large Yellow Croaker，Larimichthys crocea，at Different Ages［J］. WorldAquacult. Soc，2018，49（1）：256-267.

［177］ Wijayawardene N N，Hyde K D，McKenzie E H C，et al. Notes for genera update-Ascomycota：6822-6917［J］. Mycosphere，2018，9（6）：1222-1234.

［178］ Wong，S D，Rawls，J F. Intestinal microbiota composition in fishes is influenced by host ecology and environment［J］. Mol. Ecol，2012（21）：3100-3102.

［179］ Wu S，Wang G，Angert E. R，et al. Composition，diversity，and origin of the bacterial community in grass carp intestine［J］. PloS One，2012（7）：30440.

［180］ Yang E C，Xu L L，Yang Y，et al. Origin and evolution of carnivorism in the Ascomycota（fungi）［J］. Proceedings ofthe National Academy of Sciences of the United States of America，2012，109（27）：10960-10965.

［181］ Ye L，Amberg J，Chapman D，et al. Fish gut microbiota analysis differentiates physiology and behavior of invasive Asian carp andindigenous American fish［J］. ISME J，2014（8）：541-551.

［182］ Youngblut N. D，Reischer G. H，Walters W，et al. Host diet and evolutionary history explain differentaspects of gut microbiome diversity among vertebrate clades［J］. Nat. Commun，2019（10）：1-15.

［183］ Yu L L，Qiao N Z，Li T Q，et al. Dietary supplementation with probiotics regulates gut microbiota structure and function in Nile tilapia exposed to aluminum［J］. PeerJ，2019（7）：6963.

［184］ Zhang C，Zheng X. F，Ren X，et al. Bacterial diversity in gut of large yellow croaker Larimichthys crocea and black sea bream Sparus macrocephalus reared in an inshore net pen［J］. Fish. Sci，2019（85）：

1027-1036.

[185] Zheng Y，Gong X，Niche differentiation rather than biogeography shapes the diversity and composition of microbiome of Cycas panzhihuaensis [J]. Microbiome，2019 (7)：152.

[186] Zheng Y，Wu W，Hu G D，et al. Gut microbiota analysis of juvenile genetically improved farmed tilapia (Oreochromis niloticus) by dietary supplementation of different resveratrol concentrations [J]. Fish and Shellfish Immunology，2018 (77)：200-207.

[187] Zhou L，Lin K T，Gan L，et al. Intestinal microbiota of grass carp fed faba beans：acomparative study [J]. Microorganisms，2019，7 (10)：465.

附　录

附录1　洪潮江水库浮游植物名录及分布表

序号	种类	采样点及分布状况								
		1号	2号	3号	4号	5号	6号	7号	8号	9号
蓝藻门 Cyanophyta										
1	鱼腥藻属 *Anabeana* sp.	+	+	+	+	+	+	+	+	+
2	色球藻属 *Chroococuus* sp.	+	+	+	+	+	+	+	+	+
3	尖头藻 *Raphidiopsis mediterranea*	+	+	+	+	+	+	+	+	+
4	拟鱼腥藻属 *Pseudoanabaena*	+	+	+	+	+	+	+	+	+
5	棒胶藻属 *Rhabdogloea* sp.	+	+	+	+	+	+	+	+	+
6	平裂藻 *Merismopedia* sp.	+		+	+					
7	银灰平裂藻 *Merismopedia tenuissima*			+	+					
8	细小平裂藻 *Merismopedia glauca*	+			+		+			+
9	微囊藻 *Microcystis* sp.	+	+	+	+		+		+	
10	惠氏微囊藻 *Microcystis wesenbergii*	+	+	+	+	+	+	+	+	+
11	铜绿微囊藻 *Microcystis aeruginosa*	+	+	+	+	+	+	+	+	+
12	颤藻 *Oscilateria princeps*	+	+	+	+	+	+			+
13	蓝纤维藻 *Dactylococcopsis acicularis*	+		+	+			+	+	+
14	隐球藻属 *Aphanacapsa* sp.		+	+		+			+	+
15	巨颤藻 *Oscillatoria princeps*	+								
16	针状蓝纤维藻 *Dactylococcopsis acicularis*	+	+	+	+	+	+	+	+	+
17	锥囊藻属 *Dinobryon* sp.	+	+	+	+	+	+	+	+	+
小计		15	12	15	15	11	12	10	12	13
黄藻门 Xanthophyta										
18	黄管藻属 *Ophiocytium* sp.	+								

续表

序号	种类	采样点及分布状况								
		1号	2号	3号	4号	5号	6号	7号	8号	9号
小计		1	0	0	0	0	0	0	0	0
硅藻门 Bacillariophyta										
19	曲壳藻属 *Achnanthes* sp.		+			+	+	+	+	+
20	卵形藻属 *Cocconeis* sp.	+								
21	圆筛藻属 *Coscinodiscus* sp.									
22	小环藻属 *Cyclotella* sp.	+	+	+	+	+	+	+	+	+
23	桥弯藻属 *Cymbella* sp.	+			+					+
24	异极藻属 *Gomphonema* sp.		+							
25	直链藻属 *Melosira granulate*	+		+						
26	狭形直链藻 *Melosira granulata* var. *angustissima*	+	+		+	+		+		
27	模糊直链藻 *Melosira ambigua*	+					+			
28	舟形藻属 *Navicula simplex*	+	+	+		+	+			+
29	菱形藻属 *Nitzschia*		+							
30	弯楔藻属 *Rhoicosphenia*									
31	针杆藻属 *Synedra* sp.	+	+	+	+	+	+	+	+	+
32	尖针杆藻 *Synedra acus*	+		+	+					+
33	肘状针杆藻 *Synedra ulna*	+		+	+		+			
34	平板藻属 *Tabellaria* sp.				+			+	+	
35	梅尼小环藻 *Cyclotella meneghiniana*	+	+	+	+	+	+	+	+	+
36	异极藻属 *Gomphonema* sp.							+		
37	布纹藻 *Gyrosigma* sp.									
38	颗粒直链藻 *Melosira granulate*	+	+	+	+	+	+	+	+	+
39	模糊直链藻 *Melosira ambigua*	+	+	+				+		
40	星杆藻 *Asterionella formosa*							+		
41	平板藻 *Tabellaria* sp.		+		+	+	+	+	+	+
42	舟形藻属 *Navicula simplex*	+				+				+

续表

序号	种类	采样点及分布状况								
		1号	2号	3号	4号	5号	6号	7号	8号	9号
43	尖针杆藻 *Synedra acus* sp.	+	+	+	+	+	+	+	+	+
44	肘状针杆藻 *Synedra ulna* sp.									
45	脆杆藻 *Fragilaria* sp.		+							
小计		15	13	10	11	10	10	12	8	11
甲藻门 Pyorophyta										
46	角甲藻属 *Ceratium* sp.	+	+	+	+		+	+	+	+
47	多甲藻属 *Peridinium* sp.	+	+	+	+	+	+	+	+	+
48	拟多甲藻属 *Peridininopsis* sp.	+				+				+
49	裸甲藻 *Gymnodinium aerucyinosum*	+	+	+	+	+	+	+	+	+
50	飞燕角甲藻 *Ceratium hirundinella*	+		+	+		+			
小计		5	3	4	4	3	4	3	3	4
裸藻门 Euglenophyta										
51	旋转囊裸藻 *Trachelomonas volvocina*	+	+	+	+	+	+	+	+	+
52	囊裸藻属 *Trachelomonas* sp.	+							+	
53	囊裸藻 *Trachelomonas ablonga*	+	+	+			+		+	
54	矩形囊裸藻 *Trachelomonas oblonga*	+								+
55	具尾囊裸藻 *Trachelomonas* sp.	+								
56	相似囊裸藻 *Trachelomonas similis* var. *hyalina*	+		+						
57	密集囊裸藻 *Trachelomonas crebea*									
58	尾棘囊裸藻 *Trachelomonas armata*									
59	裸藻属 *Euglena* sp.	+	+	+	+	+	+	+	+	+
60	绿色裸藻 *Euglena viridis*									
61	膝曲裸藻 *Euglena geniculata*									
62	尾裸藻 *Euglena vcaudata*			+						
63	纤细裸藻 *Euglena gracilis*									
64	扁裸藻 *Phacus* sp.	+	+	+			+			

续表

序号	种类	采样点及分布状况								
		1号	2号	3号	4号	5号	6号	7号	8号	9号
65	梨形扁裸藻 *Phacus pyrum*									
66	缶形陀裸藻 *Strmbomonas urceolata*									
小计		8	4	6	2	2	4	2	4	3
隐藻门 Cryptophyta										
67	蓝隐藻属 *Chroomonas acuta*	+	+	+	+	+	+	+	+	+
68	啮噬隐藻 *Cryptomonas erosa*	+	+	+	+	+	+	+	+	+
69	卵形隐藻 *Cryptomonas ovata*	+	+	+			+	+	+	+
70	蓝隐藻属 *Chroomonas* sp.	+	+	+	+	+	+	+	+	+
71	隐藻属 *Cryptomonas* sp.	+	+	+	+	+	+	+	+	+
小计		5	5	5	4	4	5	5	5	5
绿藻门 Chlorophyta										
72	单针藻 *Monoraphidium* sp.	+	+	+	+	+	+	+	+	+
73	狭形纤维藻 *Ankistrodesmus angustus*	+	+	+	+	+	+	+	+	+
74	纤维藻属 *Ankistrodesmus* sp.	+	+	+	+	+		+	+	+
75	针尖针杆藻 *Ankistrodesmus acicularis*	+	+	+	+	+		+	+	
76	蛋白核小球藻 *Chlorella pyrenoidosa*	+	+	+	+	+	+	+	+	+
77	齿牙栅藻 *Scenesemus denticulatus*				+					
78	对对栅藻 *Scenedesmus bijuba*	+	+	+	+	+	+	+		+
79	古氏栅藻 *Scenedesmus gutwinskii*				+			+	+	
80	光滑栅藻 *Scenedesmus ecornis*	+			+					
81	龙骨栅藻 *Scenedesmus cavinatus*						+		+	+
82	双尾栅藻 *Scenedesmus bicaudatus*	+		+	+	+	+	+	+	
83	四尾栅藻 *Scenedesmus quadricauda*	+			+	+	+		+	
84	斜生栅藻 *Scenedesmus obliguus*	+								
85	异形栅藻 *Scenedesmus dimorphus*	+	+	+	+	+		+	+	

续表

序号	种类	采样点及分布状况								
		1号	2号	3号	4号	5号	6号	7号	8号	9号
86	栅藻属 *Scenedesmus* sp.	+	+	+	+	+	+	+	+	+
87	德巴衣藻 *Chlamydomonas debaryana*	+	+	+	+	+	+	+	+	
88	卵形衣藻 *Chlamydomonas ovalis*					+	+			
89	突变衣藻 *Chlamydomonas mutabilis*	+								
90	小球衣藻 *Chlamydomonas globosa*	+	+	+		+	+	+	+	+
91	月牙藻 *Selenastrum* sp.	+	+	+	+	+	+	+	+	+
92	蹄形藻 *Kirchneriella* sp.	+		+	+	+	+		+	+
93	并联藻 *Quadrigula* sp.					+	+	+		
94	单角盘星藻 *Pediastrum simplex*					+				
95	纺锤藻 *Elakatothrix* sp.			+						+
96	浮球藻 *Planktosphaeria* sp.	+	+	+	+			+		+
97	弓形藻 *Schroederia* sp.	+		+	+	+	+			
98	集星藻属 *Actinastrum* sp.	+	+	+		+	+	+	+	+
99	空星藻 *Coelastrum sphaericum*		+	+					+	
100	拟球藻属 *Sphaerellopsis* sp.						+			
101	葡萄藻 *Botryococcus braunii*	+								
102	四刺藻属 *Treubaria* sp.	+	+	+	+	+	+	+	+	+
103	四角藻 *Tetraedron trigonum*	+	+	+	+	+	+	+	+	+
104	四星藻属 *Tetrastrum* sp.		+							
105	微芒藻 *Micractinium pusillum*		+							+
106	小空星藻 *Coelastrum microporum*	+		+						
107	小球藻属 *Chlorella* sp.	+	+	+	+	+	+	+	+	+
108	异刺四星藻 *Tetrastrum heterocanthum*								+	+
109	长拟球藻 *Sphaerellopsis elonggata*	+							+	
110	新月藻 *Closterium pronum*	+			+	+		+	+	+
111	凹顶鼓藻 *Euastrum* sp.					+				

续表

序号	种类	采样点及分布状况								
		1号	2号	3号	4号	5号	6号	7号	8号	9号
112	棒形鼓藻 *Gonatozygon* sp.	+	+	+	+	+	+	+	+	+
113	叉星鼓藻 *Staurodesmus* sp.	+	+	+	+	+	+	+	+	+
114	鼓藻 *Cosmarium* sp.	+	+	+	+	+	+	+	+	+
115	角星鼓藻 *Staurastrum controversum*			+		+		+		+
116	四角角星鼓藻 *Staurastrum tetracerum*	+	+	+	+	+	+	+	+	+
117	微型鼓藻 *Tetraedron* sp.								+	
118	小齿凹顶鼓藻 *Euastrum denticulatum*		+		+	+		+	+	+
119	新月鼓藻 *Closterium* sp.								+	+
120	具尾四角藻 *Tetraedron cauda*	+	+			+		+	+	+
121	三角四角藻 *Tetraedron trigonum*		+	+	+		+	+		+
122	微小四角藻 *Tetraedron minimum*	+	+		+	+		+	+	+
123	小型四角藻 *Tetraedron gracile*			+						
124	螺旋弓形藻 *Schroederia spiralis*			+						
125	十字藻 *Crucigenia rectangulas*	+		+	+	+	+	+	+	
126	四角十字藻 *Crucigenia rectangulas*				+				+	+
127	四足十字藻 *Crucigenia tetrapia*	+	+			+	+	+	+	+
128	直角十字藻 *Crucigenia rectangulas*	+	+	+	+	+	+	+	+	+
129	胶网藻属 *Dictyosphaerium* sp.	+	+	+	+	+	+	+	+	+
130	卵囊藻属 *Oocystis* sp.	+	+	+	+	+	+	+	+	+
131	长鼻空星藻 *Coelastrum proboscideum*				+					
132	长角空星藻 *Coelastrum* sp.	+		+	+	+	+	+	+	
133	盘星藻 *Pediastrum tetras*	+	+	+	+	+	+	+		
134	双角盘星藻 *Pediastrum duplex*			+				+		
135	四角盘星藻 *Pediastrum tetras*	+		+			+	+	+	+
136	顶棘藻属 *Chodatella*	+				+				
137	多芒藻 *Golenkinia radiata*			+		+	+	+		+

续表

序号	种类	采样点及分布状况								
		1号	2号	3号	4号	5号	6号	7号	8号	9号
138	拟新月藻 *Closteriopsis* sp.	+	+	+	+	+	+	+		+
小计		43	33	40	38	42	35	40	40	37

附录 2 洪潮江水库浮游动物名录及分布表

序号	种类	采样点及分布状况								
		1 号	2 号	3 号	4 号	5 号	6 号	7 号	8 号	9 号
原生动物门 Protozoa										
1	拟铃虫壳属 *Tintinnopsis*	+	+	+	+	+	+	+	+	+
2	表壳虫属 *Arcella*	+	+	+	+		+	+		+
3	棘球虫属 *Acanthodphaera*	+		+	+	+	+		+	+
4	砂壳虫属 *Difflugia*	+	+	+	+	+	+	+	+	+
5	钟虫属 *Voricella*	+	+		+	+	+	+		+
6	类铃虫属 *Codonellopsis*	+	+	+		+		+	+	+
7	急游虫属 *Strombidium*	+					+	+		+
8	筒壳虫属 *Tintinnidium*	+		+		+	+	+	+	
9	累枝虫属 *Epistylis*	+	+	+	+	+	+	+	+	+
10	拟铃壳虫属 *Tintinnopsis*	+	+	+	+	+	+	+	+	+
11	拟铃虫属 *Tintinnopsis*	+	+	+	+	+	+	+	+	+
12	栉毛虫属 *Didinium*	+	+	+	+	+	+	+		
13	聚缩虫属 *Zoothamnium*	+	+	+		+	+	+	+	+
14	刺胞虫属 *Acanthocystis*	+	+			+			+	+
15	壳吸管虫 *Acineta*					+				
16	板壳虫属 *Caleps*									+
小计		14	11	11	9	13	12	12	10	13
轮虫类 Rotifera										
17	臂尾轮虫属 *Brachionus*	+	+	+	+	+	+	+	+	+
18	三肢轮虫属 *Filinia*	+	+	+	+	+	+	+	+	+
19	多肢轮虫属 *Polyarthra*	+	+	+	+	+	+	+	+	+
20	同尾轮虫属 *Diurella*	+	+	+	+	+	+	+	+	+
21	异尾轮虫属 *Trichocerca*	+	+	+	+	+	+	+	+	+
22	腔轮虫属 *Lecane*		+	+	+	+	+		+	

续表

序号	种类	采样点及分布状况								
		1号	2号	3号	4号	5号	6号	7号	8号	9号
23	犀轮虫属 *Rhinoglena*	+	+	+			+			+
24	须足轮虫属 *Euchlanis*			+			+			
25	晶囊轮虫属 *Asplanchna*	+	+	+	+	+	+	+	+	+
26	龟甲轮虫属 *Keratella*	+	+	+	+	+	+	+	+	+
27	轮虫属 *Rotaria*	+	+	+						+
28	水轮虫属 *Epiphanes*	+	+	+	+	+	+	+	+	+
29	叶轮虫属 *Notholca*	+	+	+	+	+	+	+	+	+
30	旋轮虫 *Philodina*	+	+	+				+		
31	狭甲轮属 *Colurella*						+			
32	聚花轮虫属 *Conochilus*							+	+	
小计		12	13	14	10	10	13	11	11	11
枝角类 Cladocera										
33	锐额溞属 *Alonella*	+	+	+						
34	僧帽溞 *Daphnia cucullatan*					+	+	+	+	+
35	尖额溞属 *Alona*	+			+	+		+		
36	象鼻溞属 *Bosmina*	+	+	+	+	+	+	+	+	+
37	基合溞属 *Bosminopsis*	+	+	+	+	+	+	+	+	+
38	低额溞属 *Simocephalus*	+	+	+	+	+	+	+	+	+
39	仙达溞属 *Sida*		+		+		+		+	
40	盘肠溞属 *Chydorus*	+			+		+			
41	船卵溞属 *Scapholeberis*		+		+			+		+
42	秀体溞属 *Diaphanosoma*	+	+	+	+	+	+	+	+	+
43	蚤状溞 *Daphnia Pulex*	+	+			+	+	+		
44	裸腹溞属 *Moina*	+	+	+	+	+	+	+	+	+
小计		9	9	6	9	8	9	9	7	7
桡足类 Copepoda										

续表

序号	种类	采样点及分布状况								
		1号	2号	3号	4号	5号	6号	7号	8号	9号
45	华哲水蚤属 *Sinocalanus*	+	+	+	+	+	+	+	+	+
46	新镖水蚤属 *Neodiapomus*		+	+	+	+		+		+
47	近剑水蚤属 *Tropocyclops*	+	+	+	+	+	+	+	+	+
48	剑水蚤属 *Cyclops*	+	+	+	+	+	+	+	+	+
49	温剑水蚤属 *Thermacyclops*	+	+	+	+	+	+	+	+	+
50	广布中剑水蚤 *Mesocyclops leuckarti*	+	+	+	+	+	+	+	+	+
51	无节幼体 nauplius	+	+	+	+	+	+	+	+	+
小计		6	7	7	7	7	6	7	6	7

附录3 洪潮江水库底栖动物名录及分布表

序号	种类	采样点及分布状况								
		1号	2号	3号	4号	5号	6号	7号	8号	9号
软体动物 Mollusca										
1	圆顶珠蚌 *Unio douglasiae*	+								+
2	梨形环棱螺 *Bellamya purificata*	+								+
3	多棱角螺 *Angulyagra polyzonata*									+
小计		2	0	0	0	0	0	0	0	3
环节动物 Annelida										
4	中华颤蚓 *Tubifex sinicus*	+	+					+		+
5	霍甫水丝蚓 *Limnodrilus hoffmeisteri*	+								
小计		2	1	0	0	0	0	1	0	1
水生昆虫 Aquatic insect										
6	虎蜓 Cordulegastridae					+				
7	摇蚊幼虫 Chironomidae	+	+	+	+	+	+	+	+	+
小计		1	1	1	1	2	1	1	1	1
其他 Others										
8	日本沼虾 *Macrobrachium nipponense*					+				
9	溪蟹 *Potamidae* sp.					+				
小计		0	0	0	0	2	0	0	0	0

附录4　鱼类形态学记录表

种名：　　　　　　　　采集时间：　　　　　　采集地点：　　　　　　　　　　单位：mm

可数性状			可量性状			框架结构		
1	侧线鳞		1	体重		1	吻端—鳃盖前端上侧	
2	侧线上鳞		2	体长		2	鳃盖前端上侧—胸鳍起点	
3	侧线下鳞		3	体高		3	鳃盖前端上侧—腹鳍起点	
4	背鳍鳍条		4	头长		4	鳃盖前端上侧—背鳍起点	
5	背鳍鳍棘		5	吻长		5	鳃盖前端上侧—臀鳍起点	
6	胸鳍鳍条		6	眼径		6	背鳍基部后—尾鳍基部下端	
7	胸鳍鳍棘		7	眼间距		7	背鳍基部后—臀鳍基部后	
8	腹鳍鳍条		8	尾柄长		8	背鳍基部后—尾鳍基部上端	
9	腹鳍鳍棘		9	尾柄高		9	背鳍基部后—臀鳍起点	
10	臀鳍鳍条					10	背鳍起点—臀鳍基部后	
11	臀鳍鳍棘					11	背鳍起点—臀鳍起点	
						12	背鳍基长	
						13	胸鳍起点—腹鳍起点	
						14	胸鳍起点—吻端	
						15	吻端—腹鳍起点	
						16	腹鳍起点—臀鳍起点	
						17	腹鳍起点—背鳍起点	
						18	臀鳍基部后—尾鳍基部上端	
						19	臀鳍基部后—尾鳍基部下端	
						20	臀鳍基长	
						21	尾鳍基部上端—尾鳍基部下端	

注：测量精确到0.1 mm。

测量人：　　　　　　　　　　　　　　　记录人：

编号方式：采样点+采样时间（年、月）+ 标本序号（从0001开始）

附录5　库区渔业资源评价调查问卷

江段：　　采样点名：　　调查时间：

受访单位/个人：　　填表人：　　审核人：

1. 常用的渔具及规格、渔法	
2. 年度捕捞渔获重量	
3. 年度捕捞次数	
4. 单次捕捞渔获重量	
5. 库区捕捞渔船数	
6. 主要捕捞季节	
7. 各季度捕捞渔获重量	
8. 各季度捕捞渔获种类	
9. 单次捕捞覆盖面积	
10. 单次捕捞持续时间	
11. 主要经济鱼类	
12. 往年的年度渔获重量	
13. 往年的年度渔获种类	

附录6 鱼类胃含物摄食等级划分及性腺成熟度简易判定方法

（一）胃含物摄食等级划分方法

0级：空胃；

1级：胃内有少量食物，其体积不超过胃腔的1/2；

2级：胃内食物较多，超过胃腔的1/2；

3级：胃内充满食物，但胃壁不膨胀；

4级：胃内事物饱满，胃壁膨胀变薄。

（二）性腺成熟度判定方法

Ⅰ期：性腺尚未发育的个体。性腺不发达，肉眼不能辨别雌雄。

Ⅱ期：性腺开始发育或产卵后重新发育的个体。能辨别雌雄。卵巢呈细管状（或扁带状），半透明，分支血管不明显，呈浅肉红色，但肉眼不能看出卵粒。精巢扁平，稍透明，呈灰白色或灰褐色。

Ⅲ期：性腺正在成熟的个体。性腺已较发达，卵巢体积增大，占整个腹腔的1/3～1/2，肉眼可以明显看出不透明的稍具白色或浅黄色的卵粒，互相粘连成团块状，切开卵巢挑取卵粒时，卵粒很难从卵巢上脱落下来。精巢呈灰白色或稍具浅红色，挤压无精液流出。

Ⅳ期：性腺即将成熟的个体，卵巢已有很大的发展，占腹腔的2/3左右。卵粒显著，呈圆形。

切开卵巢膜，容易使卵粒彼此分离。轻压鱼腹无成熟卵粒流出。精巢明显增大，呈白色。挑破精巢膜或轻压鱼腹，有少量精液流出，精巢横断面的边缘略呈圆形。

Ⅴ期：性腺完全成熟，即将或正在产卵的个体。卵巢饱满，充满体腔。卵大透明，压挤卵巢或手提鱼头使肛门向下，对鱼腹部稍加压力，卵粒即流出。切开卵巢膜，卵粒就各个分离。精巢发育达最大，呈乳白色，充满精液。挤压精巢或对鱼腹稍加压力，精液立即流出。

Ⅵ期：产卵排精后的个体。性腺萎缩、松弛、充血，呈暗红色，体积显著缩小，只占体腔一小部分。卵巢、精巢内部常残留少数成熟的卵粒或精液，末端有时出现淤血。